国家示范性高职院校工学结合系列教材

工程量清单与计价

（工程造价专业）

廖　雯　主编

中国建筑工业出版社

图书在版编目（CIP）数据

工程量清单与计价/廖雯主编. —北京：中国建筑工业出版社，2010.9
国家示范性高职院校工学结合系列教材. 工程造价专业
ISBN 978-7-112-12486-2

Ⅰ.①工… Ⅱ.①廖… Ⅲ.①建筑工程-工程造价-高等学校：技术学校-教材 Ⅳ.①TU723.3

中国版本图书馆 CIP 数据核字（2010）第 187150 号

本书是徐州建筑职业技术学院，国家示范性高职院校建设项目成果之一。书中介绍了工程量清单文件的编制、工程量清单计价文件的编制、工程量清单结算文件的编制以及计价软件的操作等一系列内容。本书可作为高等院校工程造价专业、建筑工程管理专业和建筑经济管理专业的教材，也可供工程造价人员、工程建设管理人员等学习和使用。

责任编辑：朱首明　田立平
责任设计：陈　旭
责任校对：马　赛　刘　钰

国家示范性高职院校工学结合系列教材
工程量清单与计价
（工程造价专业）
廖　雯　主编

*

中国建筑工业出版社出版、发行（北京西郊百万庄）
各地新华书店、建筑书店经销
北京红光制版公司制版
北京云浩印刷有限责任公司印刷

*

开本：787×1092毫米　1/16　印张：14¾　插页：8　字数：372千字
2010年9月第一版　2011年11月第二次印刷
定价：**35.00**元
ISBN 978-7-112-12486-2
（19726）

本系列教材编委会

主　任：袁洪志

副主任：季　翔

编　委：沈士德　王作兴　韩成标　陈年和　孙亚峰　陈益武

　　　　　张　魁　郭起剑　刘海波

序

　　20 世纪 90 年代起，我国高等职业教育进入快速发展时期，高等职业教育占据了高等教育的半壁江山，职业教育迎来了前所未有的发展机遇，特别是国家启动示范性高职院校建设项目计划，促使高职院校更加注重办学特色与办学质量、深化内涵、彰显特色。我校自 2008 年成为国家示范性高职院校建设单位以来，在课程体系与教学内容、教学实验实训条件、师资队伍、专业及专业群、社会服务能力等方面进行了深化改革，探索建设具有示范特色的教育教学体制。

　　本系列教材是在工学结合思想指导下，结合"工作过程系统化"课程建设思路，突出"实用、适用、够用"特点，遵循高职教育的规律编写的。本系列教材的编者大部分具有丰富的工程实践经验和较为深厚的教学理论水平。

　　本系列教材的主要特点有：（1）突出工学结合特色。邀请施工企业技术人员参与教材的编写，教材内容大多采用情境教学设计和项目教学方法，所采用案例多来源于工程实践，工学结合特色显著，以培养学生的实践能力。（2）突出实用、适用、够用特点。传统教材多采用学科体系，将知识切割为点。本系列教材以工作过程或工程项目为主线，将知识点串联，把实用的理论知识和实践技能在仿真情境中融会贯通，使学生既能掌握扎实的理论知识，又能学以致用。（3）融入职业岗位标准、工作流程，体现职业特色。在本系列教材编写中根据行业或者岗位要求，把国家标准、行业标准、职业标准及工作流程引入教材中，指导学生了解、掌握相关标准及流程。学生掌握最新的知识、熟知最新的工作流程，具备了实践能力，毕业后就能够迅速上岗。

　　根据国家示范性建设项目计划，学校开展了教材编写工作。在编写工程中得到了中国建筑工业出版社的大力支持，在此，谨向支持或参与教材编写工作的有关单位、部门及个人表示衷心感谢。

　　本系列教材的付梓出版也是学校示范性建设项目成果之一，欢迎提出宝贵意见，以便在以后的修订中进一步完善。

徐州建筑职业技术学院

2010.9

前　言

本教材以建筑职教集团企业和实习基地为依托，以工程造价员岗位设计课程，按照工作任务流程设计教学任务，并将岗位技能课程内容与工程造价员执业资格标准，以及造价员部分岗位职责融入课程，保证学生在专业知识、专业操作技能、职业素质、方法能力等方面达到岗位要求。基于以上任务分析结果开发了适合工学结合课程的教材。

本教材的特点：

1. 深入浅出。教材的编写按教学特有的规律，由浅入深，逐步讲解。

2. 实用通俗。教材将实用性放在第一位，在文字上力求简练，语言流畅。

3. 注重规范性、政策性。工程量计算及计价方法均按国家最新的《建设工程工程量清单计价规范》（GB 50500—2008）及要求编写。

4. 注重理论联系实际。工程量清单及清单计价文件的编制，具有较强的实践性，本书列举了大量实例及示例，方便学生学习。

5. 注重动手能力的培养。本书提供实训案例及计价软件的操作应用，方便学生课后练习。

本教材在编写过程中，作者查阅参考了大量的文献，在此向这些文献的作者致以深深的谢意。并且受到江苏省定额总站郎桂林总工，孙璐女士，徐州建设局标准定额站范浩生先生等人的大力支持；还约请了中煤建设集团公司副总经理王希达先生、中煤建设集团建筑安装公司总经济师于文革先生、青岛旌航建筑有限公司董事长张德忠先生、中煤建设集团建筑安装公司第 68 工程处高级工程师李伯奇先生等人进行审阅，在此对他们的付出深表感谢。

本教材共分四个项目，其中课程导论、项目一、二、三由徐州建筑职业技术学院建筑工程管理学院教师廖雯编写；项目四由广联达软件公司江苏总代理朱飞先生提供；建筑学院家属区围合工程 1 号、2 号、3 号传达室设计图纸由徐州建筑职业技术学院建筑设计研究院刘经纬先生（建筑设计）、赵凌宇先生（结构设计）提供的。

由于时间有限，书中难免有疏漏与不完善之处，愿广大读者来函来电多提宝贵意见。

作者联系方式：0516-83889067—转造价教研室，E-mail：liao100000@126.com。

目　录

课 程 导 论

引　言

　　介绍施行工程量清单计价的背景；工程量清单计价框架模式；工程量清单计价的特点及工程量清单计价方法的适用范围等内容。

学习目标

　　通过学习，你将能够：了解施行工程量清单计价的背景及工程量清单计价框架模式等内容。

一、施行工程量清单计价的背景

我国的建筑工程概、预算定额产生于 20 世纪 50 年代，定额的主要形式是仿照前苏联定额。可以说定额是当时计划经济时代的产物，全国各省市都有自己独自施行的一套工程概预算定额作为编制施工图预算的依据，任何单位和个人在建设工程中必须严格遵照执行，可以说建设工程概、预算定额在当时的计划经济条件下起到了确定和衡量建设工程造价标准的作用，使从事建设工程专业人士有章可循，有数可依，其历史功绩是不可磨灭的。

到了 20 世纪 90 年代后期，市场经济体制在我国开始初步形成，建筑市场随着形势的发展，建设工程开始实行招投标制度，招投标制度从含义和要求上来讲引入的是工程的竞争机制，可是因为定额的限制，招投标制度实际上还是按照定额计价，招投标制度没有起到其应尽的竞争机制。

近年来，我国市场化经济体系已基本形成，建设工程投资多元化的趋势已经出现，国有经济、集体经济、私有经济、三资经济、股份经济等纷纷把资金投入建筑市场。企业成为市场的主体，企业就必须具有充分的价格自主权，才能参与竞争，可以说定额计价方式已不能适应市场化经济发展的需要了，特别是我国加入 WTO 之后，全球经济一体化的趋势将使我国的经济更多地融入世界经济中，为此我国必须进一步改革开放。从工程建筑市场来观察，更多的国际资本将进入我国的建筑企业，我国的建筑企业也必然更多地走向世界，在世界建筑市场的激烈竞争中占据我们应有的份额。在这种形势下，我国的工程造价管理制度不仅要适应社会主义市场经济的需求，还必须与国际惯例接轨。为了适应目前工程招投标竞争由市场形成工程造价的需求，对现行工程计价方法和工程预算定额进行改革已势在必行，国际通行的工程量清单计价便应运而生了。

2003 年 2 月 17 日，建设部 119 号公告批准了《建设工程工程量清单计价规范》(GB 50500—2003)，要求全部国有资金投资或以国有资金投资为主的大中型建设工程采用清单计价。清单计价的实行为建设市场的建筑企业充分参与竞争提供了一个平等的平台，使建筑企业融入到市场经济的浪潮之中。

那么，市场经济计价的模式是什么？概括地讲，那就是全国制定统一的工程量计算规则。在招标时，由招标方提供工程量清单，各投标单位（承包商）根据自己的实力，按照竞争策略的要求自主报价，业主择优定标，以工程合同使报价法定化。施工中出现与招标文件或合同规定不符合的情况或工程量发生变化时据实索赔，调整支付。

工程量清单计价，从名称上来看，只表现出了这种计价方式与传统计价方式在形式上的区别，但实质上，工程量计价模式是一种与市场经济相适应的、允许承包单位自主报价的、通过市场竞争确定价格的、与国际惯例接轨的计价模式。因此，推广工程量清单计价是我国工程造价管理制度的一项重要改革措施，必将引起我国工程造价管理体制的重大改革。

二、工程量清单计价框架模式

（一）工程量清单计价框架模式

工程量清单计价的基本原理就是以招标人提供工程量清单为平台，投标人根据自身的技术、资金、材料、设备、管理能力进行投标报价，招标人根据具体的评价细则进行优选，这种计价方式是市场定价体系的具体表现形式。

工程量清单计价的基本过程可以描述为，在统一工程量计算规则的基础上，制定工程量清单项目设置规则，根据具体工程的施工图纸计算出各个清单项目的工程量，再根据各种渠道所获得的工程造价信息和经验数据计算得到工程造价。其基本过程如图 1-1 所示。

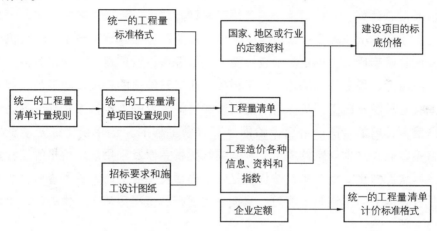

图 0-1　工程量清单计价基本过程

从工程量清单计价过程的示意图中可以看出，其编制过程可以分为两个阶段：工程量清单格式的编制和利用工程量清单来编制投标报价。投标报价是在业主提供的工程量计算结果的基础上，根据企业自身所掌握的各种信息、资料，结合企业定额编制的。

（二）工程量清单计价的具体操作

工程量清单计价作为一种市场价格的形成机制，主要是用在工程的招标阶段，因此工程量清单计价的操作过程可以从招标、投标、评价三个阶段来阐述。

1. 工程招标阶段

招标人在工程方案、初步设计或部分施工图纸设计完成后，即可委托招标文件的编制单位（或招标代理单位）按照统一的工程量计算规则，再以单位工程为对象，计算并列出各分部分项工程的工程量清单（应附有关的施工内容说明），作为招标文件的组成部分发放给各投标单位。其工程量清单的粗细程度、准确程度取决于工程的设计深度及编制人员的技术水平和经验。在分部分项工程量清单中，项目编码、项目名称、计量单位和工程数量等由招标单位根据全国统一的工程量清单项目设置规范和计算规则填写。单价与合价由投标人根据自己的施工组织设计（如工程量的大小、施工方案的选择、施工机械和劳动力的配置、材料供应等）以及招标单位对工程量的质量要求等因素综合评定后填写。

2. 投标单位做标书阶段

投标单位接到招标文件后，首先要对招标文件进行透彻的分析研究，对图纸进行仔细的理解。其次要对招标文件中所列的工程量清单进行审核。审核中，要视招标文件是否允许对工程量清单内所列的工程量误差进行调整并决定审核办法。如果允许调整，就要详细审核工程量清单内所列的各工程项目的工程量，对有较大误差的，通过招标单位答疑会提出调整意见，取得招标单位同意后进行调整；如果不允许调整工程量，则不需要对工程量进行详细的审核，只对主要项目或工程量大的项目进行审核，发现这些项目有较大误差时，可以利用调整这些项目单价的方法解决。第三，工程量套用单价及汇总计算。工程量单价的套用有两种方法：一种是工料单价法，一种是综合单价法。工料单价法即工程量清单的单价，按照现行预算定额的工、料、机消耗标准及预算价格确定后，再确定其他直接费、现场经费、管理费、利润、有关文件规定的调价、风险金、税金等一切费用。工料单价法虽然价格的构成比较清楚，但缺点也是明显的，它反映不出工程实际的质量要求和投标企业的真实技术水平，容易使企业再次陷入定额计价的老路。综合单价即分部分项工程的完全单价，综合了直接工程费、间接费、有关文件规定的调价、利润或包括税金以及采用规定价格的工程量预算的风险金等全部费用。综合单价法优点是当工程量发生变更时，易于查对，能够反映本企业的技术能力、工程管理能力。根据我国现行的工程量清单计价办法，单价采用的是综合单价。

3. 评标阶段

在评标时可以对投标单位的最终报价以及分项工程的综合单价的合理性进行评分。由于采用了工程量清单计价方法，所有投标单位都站在同一起跑线上，因而竞争更为公平合理，有利于实现优胜劣汰，而且在评标时应坚持倾向于合理低标价中标的原则。当然，在评标时仍然可以采用综合评分的方法，不仅考虑报价因素，而且还对投标单位的施工组织设计、企业业绩和信誉等按一定的权重分值分别进行计分，按总评分的高低确定中标单位。或者采用两阶段评标的方法，即先对投标单位的技术方案进行评价，在技术方案可行的前提下，再以投标单位的报价作为评标定标的唯一因素，这样既可以保证工程建设质量，又有利于业主选择一个合理的、报价较低的单位中标。

工程价格形成的主要阶段是招标阶段，但由于我国的投资费用管理和工程价格管理模式并没有严格区分，所以长期以来在招标阶段实行按预算定额规定的分部分项子目，逐项计算工程量，套用预算定额单价（单位估价表）确定直接费，然后按规定的取费标准确定其他直接费、现场经费、间接费、计划利润和税金，加上材料调差系数和适当的不可预见费，经汇总后即为工程预算或标底，而标底则作为评标定标的主要依据。这种模式在工程量价格的形成过程中存在比较明显的缺陷。

三、工程量清单计价的特点

工程量清单计价的特点具体体现在以下几个方面：

（1）"统一计价规则"——通过制定统一的建设工程工程量清单计价方法、统一的工程量计量规则、统一的工程量清单项目设置规则，达到规范计价行为的目的。这些规则和办法是强制性的，建设各方面都应该遵守，这是工程造价管理部门首次在文件中明确政府应管什么，不应管什么。

（2）"有效控制消耗量"——通过由政府发布统一的社会平均消耗量指导标准，为企业提供一个社会平均尺度，避免企业盲目或随意大幅度减少或扩大消耗量，从而达到保证工程质量的目的。

（3）"彻底放开价格"——将工程消耗量定额中的人工、材料、机械价格和利润、管理费全面放开，由市场的供求关系自行确定价格。

（4）"企业自主报价"——投标企业根据自身的技术专长、材料采购渠道和管理水平等，制定企业自己的报价定额，自主报价。企业尚无报价定额的，可参考使用造价管理部门颁布的《建设工程消耗量定额》。

（5）"市场有序竞争形成价格"——通过建立与国际惯例接轨的工程量清单计价模式，引入充分竞争形成价格的机制，制定衡量投标报价合理性的基础标准。在投标过程中，有效引入竞争机制，淡化标底的作用，在保证质量、工期的前提下，按国家《招标投标法》及有关条款规定，最终以"不低于成本"的合理低价者中标。

四、工程量清单计价方法的适用范围

全部使用国有资金投资或国有资金投资为主（以下二者简称"国有资金投资"）的工程建设项目，必须采用工程量清单计价。

国有资金投资的工程建设项目包括使用国有资金投资和国家融资资金的工程建设项目。

（一）国有资金投资的工程建设项目包括：

（1）使用各级财政预算资金的项目；

（2）使用纳入财政管理的各种政府性专项建设资金的项目；

（3）使用国有企事业单位自有资金，并且国有资产投资者实际拥有控制权的项目。

（二）国家融资资金投资的工程建设项目包括：

（1）使用国家发行债券所筹资金的项目；

（2）使用国家对外借款或者担保所筹资金的项目；

（3）使用国家政策性贷款的项目；

（4）国家授权投资主体融资的项目；

（5）国家特许的融资项目。

（三）国有资金为主的工程建设项目是指国有资金占总投资总额 50% 以上，或虽不足 50% 但国有投资者实质上拥有控股权的工程建设项目。

非国有资金投资的工程建设项目，可采用工程量清单计价。若采用工程量清单计价的，应执行《建设工程工程量清单计价规范》（GB 50500—2008）。

小结

本部分介绍了施行工程量清单计价的背景、计价的框架模式、计价的特点及计价方法的适用范围等内容。

课后讨论

1. 工程量清单计价与定额计价有什么不同？
2. 国外工程计价管理模式。

练习题

1. 工程量清单计价有哪些特点？
2. 谈谈工程量清单计价方法的适用范围。

工程量清单文件的编制

引　言

主要学习工程量清单文件的编制。

学习目标

通过本项目学习，你将能够：编制工程量清单文件。

单元一　概述

学习目标

　　了解工程量清单概念、作用。熟悉工程量清单编制依据、内容、格式、编制步骤。

关键概念

　　工程量清单

一、工程量清单的概念

　　工程量清单：是建设工程实现工程量清单计价的专用名词，它表示的是拟建建设工程的分部分项工程项目、措施项目、其他项目、规费项目和税金项目的名称和相应数量等的明细清单。

　　工程量清单应由分部分项工程量清单、措施项目清单、其他项目清单、规费，税金项目清单组成。

二、工程量清单的作用

　　工程量清单是工程量清单计价的基础，应作为编制招标控制价、投标报价、支付工程款、调整合同价款、办理竣工结算以及工程索赔等的依据。

三、工程量清单的编制依据

　　(1)《建设工程工程量清单计价规范》（GB 50500—2008）；

　　(2) 国家或省级、行业建设主管部门颁发的计价依据和办法；

　　(3) 建设工程设计文件；

　　(4) 与建设工程项目有关的标准、规范、技术资料；

　　(5) 招标文件及其补充通知、答疑纪要；

　　(6) 施工现场情况、工程特点及常规施工方案；

　　(7) 其他相关资料。

《建设工程工程量清单计价规范》（GB 50500—2008）附录 A、附录 B、附录 C、附录 D、附录 E、附录 F 应作为编制工程量清单的依据。

《建设工程工程量清单计价规范》的条款是建设工程计价活动中应遵守的专业性条款，在工程计价活动中，除应遵守本专业性条款外，还应遵守国家现行有关标准的规定。

四、工程量清单编制的内容

工程量清单文件由下列内容组成：封面，总说明，分部分项工程量清单表，措施项目清单表，其他项目清单表，规费、税金项目清单表。

五、工程量清单编制的格式

工程量清单表宜采用统一格式，但由于行业、地区的一些特殊情况，各省级或行业建设主管部门可在《建设工程工程量清单计价规范》提供计价格式的基础上予以补充。格式见表 1-1～表 1-12。

表 1-1

_____工程

工 程 量 清 单

招 标 人：____单位公章____　　　　工程造价
（单位盖章）　　　　咨询人：_____
　　　　　　　　　　　　　　（单位资质专用章）

法定代表人　　　　　　　　　　法定代表人
或其授权人：_____　　或其授权人：_____
（签字或盖章）　　　　　　　　　（签字或盖章）

编 制 人：_____　　　　复核人：____盖造价工程师专用章____
（造价人员签字盖专用章）　　　　（造价工程师签字盖专用章）

编制时间：××××年×月×日　复核时间：××××年×月×日

总 说 明　　　　　　　　　　　　　　表 1-2

工程名称：　　　　　　　　　　　　　　　　第 页 共 页

| |
| |
| |

分部分项工程量清单与计价表　　　　　　表 1-3

工程名称：　　　　标段：　　　　　　　　第 页 共 页

序号	项目编码	项目名称	项目特征描述	计量单位	工程量	金　额（元）		
						综合单价	合价	其中：暂估价

措施项目清单与计价表（一）　　　　　　　　　**表 1-4**

工程名称：　　　　　　　　标段：　　　　　　　　　　第　页　共　页

序号	项目名称	计算基础	费率（%）	金额（元）

注：本表适用于以"项"计价的措施项目。

措施项目清单与计价表（二）　　　　　　　　　**表 1-5**

工程名称：　　　　　　　　标段：　　　　　　　　　　第　页　共　页

序号	项目编码	项目名称	项目特征描述	计量单位	工程量	金额（元）	
						综合单价	合价

注：本表适用于以综合单价形式计价的措施项目。

其他项目清单与计价汇总表　　　　　　　　　**表 1-6**

工程名称：　　　　　　　　标段：　　　　　　　　　　第　页　共　页

序号	项目名称	计量单位	金额（元）	备注

暂列金额明细表　　　　　　　　　**表 1-7**

工程名称：　　　　　　标段：　　　　　　　　　　第　页　共　页

序号	项目名称	计量单位	暂定金额（元）	备注

材料暂估单价表　　　　　　　　　**表 1-8**

工程名称：　　　　　　　　标段：　　　　　　　　　　第　页　共　页

序号	材料名称、规格、型号	计量单位	单价（元）	备注

专业工程暂估价表　　　　　　　　　**表 1-9**

工程名称：　　　　　　　　标段：　　　　　　　　　　第　页　共　页

序号	工程名称	工程内容	金额	备注

计 日 工 表　　　　　　表 1-10

工程名称：　　　　　　标段：　　　　　　　　　　　第 页 共 页

编号	项目名称	单位	暂定数量	综合单价	合价
一	人 工				
人 工 小 计					
二	材料				
材 料 小 计					
三	施工机械				
施 工 机 械 小 计					
总　计					

总承包服务费计价表　　　　　　表 1-11

工程名称：　　标段：　　　　　　　　　　　第 页 共 页

序号	项目名称	项目价值（元）	服务内容	费率（%）	金额（元）
合　计					

规费、税金项目清单与计价表　　　　　　表 1-12

工程名称：　　　　　　标段：　　　　　　　　　　　第 页 共 页

序号	项目名称	计算基础	费率（%）	金额（元）
1	规费			
1.1	工程排污费			
1.2	安全生产监督费			
1.3	社会保障费			
1.4	住房公积金			
2	税金			

六、工程量清单编制步骤

(1) 准备施工图纸,《建设工程工程量清单计价规范》(GB 50500—2008) 等有关资料;

(2) 计算工程量;

(3) 编制分部分项工程量清单表;

(4) 编制措施项目清单表;

(5) 编制其他项目清单表;

(6) 编制规费、税金项目清单表;

(7) 复核;

(8) 填写总说明;

(9) 填写封面,签字,盖章,装订。

课后讨论

1. 工程量清单的编制依据有哪些?
2. 工程量清单的编制包括哪些内容。

练习题

1. 什么是工程量清单?
2. 谈谈工程量清单的编制步骤。

单元二 《建设工程工程量清单计价规范》(GB 50500—2008)简介

学习目标

了解制定《建设工程工程量清单计价规范》的目的和法律依据、适用范围与其他标准的关系。熟悉《建设工程工程量清单计价规范》的内容、附录适用的工程范围、附录 A 的构成。

关键概念

《建设工程工程量清单计价规范》

一、制定《建设工程工程量清单计价规范》的目的和法律依据

为规范工程造价计价行为，统一建设工程工程量清单的编制和计价方法，根据《中华人民共和国建筑法》、《中华人民共和国合同法》、《中华人民共和国招标投标法》等法律法规，制定本规范。

二、《建设工程工程量清单计价规范》的适用范围

用于建设工程工程量清单计价活动。

建设工程包括：建筑工程、装饰装修工程、安装工程、市政工程、园林绿化工程和矿山工程。

建设工程工程量清单计价活动包括：工程量清单编制、工程量清单招标控制价编制、工程量清单投标报价编制、工程合同价款的约定、竣工结算的办理以及工程施工过程中工程计量与工程价款的支付、索赔与现场签证、工程价款的调整和工程计价争议处理等活动。

三、《建设工程工程量清单计价规范》的主要内容

《建设工程工程量清单计价规范》的颁布实施，是建设市场发展的要求，为建设工程招标投标计价活动健康、有序的发展提供了依据。在"计价规范"中贯穿了由政府宏观调控、企业自主报价、市场竞争形成价格的原则。

《建设工程工程量清单计价规范》主要由两大部分构成：第一部分由总则、术语、工程量清单编制、工程量清单计价和工程量清单计价表格组成。第二部分为附录，包括建筑工程、装饰装修工程、安装工程、市政工程、园林绿化工程、矿山工程的工程量清单项目及计算规则。附录以表格形式列出每个清单项目的项目编码、项目名称、项目特征、计量单位、工程量计算规则、工作内容。

四、《建设工程工程量清单计价规范》附录适用的工程范围

本规范附录 A、附录 B、附录 C、附录 D、附录 E、附录 F 应作为编制工程量清单的依据。

（1）附录 A 为建筑工程工程量清单项目及计算规则，适用于工业与民用建筑物和构筑物工程。

（2）附录 B 为装饰装修工程工程量清单项目及计算规则，适用于工业与民用建筑

物和构筑物的装饰装修工程。

（3）附录C为安装工程工程量清单项目及计算规则，适用于工业与民用安装工程。

（4）附录D为市政工程工程量清单项目及计算规则，适用于城市市政建设工程。

（5）附录E为园林绿化工程工程量清单项目及计算规则，适用于园林绿化工程。

（6）附录F为矿山工程工程量清单项目及计算规则，适用于矿山工程。

附录是本规范的组成部分，与正文具有同等效力。

五、《建设工程工程量清单计价规范》附录A的构成

附录A为建筑工程工程量清单项目及计算规则，其内容包括土（石）方工程；桩与地基基础工程；砌筑工程；混凝土及钢筋混凝土工程；厂库房大门、特种门、木结构工程；金属结构工程；屋面及防水工程；防腐、隔热、保温工程共8章。有实体项目及措施项目。

（一）实体项目内容

（1）土（石）方工程：共分3节10个项目。包括土方工程；石方工程；土（石）方回填。适用于建筑物和构筑物的土（石）方开挖及回填工程。

（2）桩与地基基础工程：共分3节12个项目。包括混凝土桩；其他桩；地基与边坡处理。适用于地基与边坡的处理加固。

（3）砌筑工程：共分6节25个项目。包括砖基础；砖砌体；砖构筑物；砌块砌体；石砌体；砖散水、地坪、地沟。适用于建筑物、构筑物的砌筑工程。

（4）混凝土及钢筋混凝土工程：共分17节69个项目。包括现浇混凝土基础；现浇混凝土柱；现浇混凝土梁；现浇混凝土墙；现浇混凝土板；现浇混凝土楼梯；现浇混凝土其他构件；后浇带；预制混凝土柱；预制混凝土梁；预制混凝土屋架；预制混凝土板；预制混凝土楼梯；其他预制构件；混凝土构筑物；钢筋工程；螺栓、铁件等。适用于建筑物、构筑物的混凝土工程。

（5）厂库房大门、特种门、木结构工程：共分3节11个项目。包括厂库房大门、特种门；木屋架；木构件。适用于建筑物、构筑物的特种门和木结构工程。

（6）金属结构工程：共分7节24个项目。包括钢屋架、钢网架；钢托架、钢桁架；钢柱；钢梁；压型钢板楼板、墙板；钢构件；金属网。适用于建筑物、构筑物的钢结构工程。

（7）屋面及防水工程：共分3节12个项目。包括瓦、型材屋面；屋面防水；墙地面防水、防潮。适用于建筑物屋面工程以及防水工程。

（8）防腐、隔热、保温工程：共分3节14个项目。包括防腐面层；其他防腐；隔热、保温工程。适用于工业与民用建筑的基础、地面、墙面防腐、楼地面、墙体；屋盖的保温隔热工程。

（二）措施项目内容

（1）混凝土，钢筋混凝土模板及支架。

（2）脚手架。

（3）垂直运输机械。

六、《建设工程工程量清单计价规范》与其他标准的关系

建设工程工程量清单计价活动，除应遵守《计价规范》外，尚应符合国家现行有关标准的规定。

课后讨论

1. 制定《建设工程工程量清单计价规范》的目的和法律依据；《建设工程工程量清单计价规范》与其他标准的关系。

2.《建设工程工程量清单计价规范》的适用范围。

3.《建设工程工程量清单计价规范》附录适用的工程范围。

练习题

1. 谈谈《建设工程工程量清单计价规范》的主要内容。

2.《建设工程工程量清单计价规范》附录 A 的构成。

单元三　工程量清单的编制

学习目标

了解工程量清单编制的一般规定。掌握分部分项工程量清单表的编制、措施项目清单表的编制、其他项目清单表的编制、规费，税金清单等表的编制。

关键概念

分部分项工程项目、措施项目、其他项目、规费、税金

一般规定：

（1）工程量清单的编制主体——具有编制能力的招标人或受其委托，具有相应资质的工程造价咨询人编制。

招标人是进行工程建设的主要责任主体，其责任包括负责编制工程量清单。若招标人不具备编制工程量清单的能力，可委托工程造价咨询人编制。根据《工程造价咨询企业管理办法》（建设部第149号令），受委托编制工程量清单的工程造价咨询人应依法取得工程造价咨询资质，并在其资质许可的范围内从事工程造价咨询活动。

（2）工程量清单是招标文件的组成部分及其编制责任—— 采用工程量清单方式招标，工程量清单必须作为招标文件的组成部分，其准确性和完整性由招标人负责。

采用工程量清单方式招标发包，工程量清单必须作为招标文件的组成部分，招标人应将工程量清单连同招标文件的其他内容一并发（或发售）给投标人。招标人对编制的工程量清单的准确性和完整性负责。投标人依据工程量清单进行投标报价，对工程量清单不负有核实的义务，更不具有修改和调整的权力。

一、分部分项工程量清单表的编制

（一）分部分项工程量清单表编制的一般规定

1. 构成一个分部分项工程量清单的五个要件

分部分项工程量清单应包括项目编码、项目名称、项目特征、计量单位和工程量。

项目编码、项目名称、项目特征、计量单位和工程量，这五个要件在分部分项工程量清单的组成中缺一不可。

2. 分部分项工程量清单的编制要求

分部分项工程量清单应根据附录规定的项目编码、项目名称、项目特征、计量单位和工程量计算规则进行编制。

3. 分部分项工程量清单项目编码的设置要求

项目编码：分部分项工程量清单项目名称的数字标识。

分部分项工程量清单的项目编码，应采用十二位阿拉伯数字表示。一至九位应按附录的规定设置，十至十二位应根据拟建工程的工程量清单项目名称设置，同一招标工程的项目编码不得有重码。

各位数字的含义是：一、二位为工程分类顺序码；三、四位为专业工程顺序码；五、六位为分部工程顺序码；七、八、九位为分项工程项目名称顺序码；十至十二位为清单项目名称顺序码。

当同一标段（或合同段）的一份工程量清单中含有多个单位工程且工程量清单是以单位工程为编制对象时，在编制工程量清单时应特别注意对项目编码十至十二位的设置不得有重码的规定。例如一个标段（或合同段）的工程量清单中含有三个单位工程，每一单位工程中都有项目特征相同的实心砖墙砌体，在工程量清单中又需反映三个不同单位工程的实心砖墙砌体工程量时，则第一个单位工程的实心砖墙的项目编号应为010302001001，第二个单位工程的实心砖墙的项目编号应为010302001002，第三个单位工程的实心砖墙的项目编号应为 010302001003，并分别列出各单位工程实心砖墙的工程量。

4. 分部分项工程量清单的项目名称的确定原则

分部分项工程量清单的项目名称应按附录的项目名称结合拟建工程的实际确定。

5. 分部分项工程量清单项目的工程量的计算原则

分部分项工程量清单中所列工程量应按附录中规定的工程量计算规则计算。

工程量的有效位数应遵循下列规定：

1) 以"t"为单位，应保留小数点后三位数字，第四位四舍五入；

2) 以"m³"、"m²"、"m"、"kg"为单位，应保留小数点后两位数字，第三位四舍五入；

3) 以"个"、"项"等为单位，应取整数。

6. 分部分项工程量清单项目的计量单位的确定原则

分部分项工程量清单的计量单位应按附录中规定的计量单位确定。

当计量单位有两个或两个以上时，应根据所编工程量清单项目的特征要求，选择最适宜表现该项目特征并方便计量的单位。例如门窗工程的计量单位为"樘"、"m²"两个计量单位，实际工作中，就应选择最适宜，最方便计量的单位来表示。

7. 分部分项工程量清单的项目特征的描述原则

项目特征，是对体现分部分项工程量清单、措施项目清单价值的特有属性和本质特征的描述。

工程量清单的项目特征是确定一个清单项目综合单价不可缺少的重要依据，在编制工程量清单时，必须对项目特征进行准确和全面的描述。但有些项目特征用文字往往又难以准确和全面的描述清楚。因此为达到规范、简捷、准确、全面描述项目特征的要求，在描述工程量清单项目特征时应按以下原则进行。

1) 项目特征描述的内容应按附录中的规定，结合拟建工程的实际，能满足确定综合单价的需要。

2) 若采用标准图集或施工图纸能够全部或部分满足项目特征描述的要求，项目特征描述可直接采用详见××图集或××图号的方式。对不能满足项目特征描述要求的部分，仍应用文字描述。

工程量清单项目特征描述的重要意义在于：

(1) 项目特征是区分清单项目的依据。工程量清单项目特征是用来表述分部分项清单项目的实质内容，用于区分计价规范中同一清单条目下各个具体的清单项目。没有项目特征的准确描述，对于相同或相似的清单项目名称，就无从区分。

(2) 项目特征是确定综合单价的前提。由于工程量清单项目的特征决定了工程实体的实质内容，必然直接决定了工程实体的自身价值。因此，工程量清单项目特征描述得准确与否，直接关系到工程量清单项目综合单价的准确确定。

(3) 项目特征是履行合同义务的基础。实行工程量清单计价，工程量清单及其综合单价是施工合同的组成部分。因此，如果工程量清单项目特征的描述不清甚至漏项、错误，从而引起在施工过程中的更改，都会引起分歧，导致纠纷。

由此可见，清单项目特征的描述，应根据计价规范附录中有关项目特征的要求，结合技术规范、标准图集、施工图纸,按照工程结构、使用材质及规格或安装位置等,予以详细而准确的表述和说明。可以说离开了清单项目特征的准确描述,清单项目就将没有生命力。比如我们要购买某一商品,如汽车,我们就首先要了解汽车的品牌、型号、结构、动力、内配等诸方面,因为这些决定了汽车的价格。当然,从购买汽车这一商品来讲,商品的特征在购买时已经形成,买卖双方对此均已了解。但相对于建筑产品来说,比较特殊,因此在合同的分类中,工程发、承包施工合同属于加工承揽合同中的一个特例,实行工程量清单计价,就需要对分部分项工程量清单项目的实质内容、项目特征进行准确描述,就好比我们要购买某一商品,要了解品牌、性能等是一样的。因此,准确的描述清单项目的特征对于准确的确定清单项目的综合单价具有决定性的作用。当然,由于种种原因,对同一个清单项目,由不同的人进行编制,会有不同的描述。尽管如此,体现项目本质区别的特征和对报价有实质影响的内容都必须描述,这一点是无可置疑的。

分部分项工程量清单的综合单价,按设计文件以"项目特征"确定,因为决定一个分部分项工程量清单项目价值大小的是"项目特征"。

8. 附录中没有的项目的补充要求

编制工程量清单出现附录中未包括的项目,编制人应作补充,并报省级或行业工程造价管理机构备案,省级或行业工程造价管理机构应汇总报住房和城乡建设部标准定额研究所。

补充项目的编码由附录的顺序码与 B 和三位阿拉伯数字组成,并应从×B001 起顺序编制,同一招标工程的项目不得重码。工程量清单中需附有补充项目的名称、项目特征、计量单位、工程量计算规则、工程内容。

表 1-13 为补充项目举例。

A. 2 桩与地基基础工程

A. 2. 1 桩基础(编码:010201)   表 1-13

项目编码	项目名称	项目特征	计量单位	工程量计算规则	工程内容
AB001	钢管桩	1. 地层描述 2. 送桩长度/单桩长度 3. 钢管材质、管径、壁厚 4. 管桩填充材料种类 5. 桩倾斜度 6. 防护材料种类	m/根	按设计图示尺寸以桩长(包括桩尖)或根数计算	1. 桩制作、运输 2. 打桩、试验桩、斜桩 3. 送桩 4. 管桩填充材料、刷防护材料

(二)分部分项工程量清单表编制示例(见表 1-14)

分部分项工程量清单与计价表　　　　　　　　**表 1-14**

工程名称：徐州建筑学院教师住宅工程　　　　标段：　　　　　第 1 页　共 3 页

序号	项目编码	项目名称	项目特征描述	计量单位	工程量	综合单价	合价	其中：暂估价
			A.1 土（石）方工程					
1	010101001001	平整场地	Ⅱ、Ⅲ类土综合，土方就地挖填找平	m²	1792			
2	010101003001	挖基础土方	Ⅲ类土，条形基础，垫层底宽2m，挖土深度4m以内，弃土运距为 10km	m³	1432			
			（其他略）					
			分部小计					
			A.2　桩与地基基础工程					
3	010201003001	混凝土灌注桩	人工挖孔，二级土，桩长10m，有护壁段长 9m，共 42根，桩直径 1000mm，扩大头直径 1100mm，桩混凝土为 C25，护壁混凝土为 C20	m	420			
			（其他略）					
			分部小计					
			本页小计					
			合　计					

工程名称：徐州建筑学院教师住宅工程　　　　标段：　　　　　第 2 页　共 3 页

序号	项目编码	项目名称	项目特征描述	计量单位	工程量	综合单价	合价	其中：暂估价
			A.3 砌筑工程					
4	010301001001	砖基础	M10 水泥砂浆砌条形基础，深度 2.8～4m，MU15 页岩砖240mm×115mm×53mm	m³	239			
5	010302001001	实心砖墙	M7.5 混合砂浆砌实心墙，MU15 页岩砖240mm×115mm×53mm，墙体厚度240mm	m³	2037			
			（其他略）					
			分部小计					
			A.4 混凝土及钢筋混凝土工程					
6	010403001001	基础梁	C30 混凝土基础梁，梁底标高−1.55m，梁截面 300mm×600mm，250mm×500mm	m³	208			
7	010416001001	现浇混凝土钢筋	螺纹钢 Q235，φ14	t	58			
			（其他略）					
			分部小计					
			本页小计					
			合　计					

工程名称：建筑学院教师住宅工程　　　　标段：　　　　　第3页　共3页

序号	项目编码	项目名称	项目特征描述	计量单位	工程量	金额（元）		
						综合单价	合价	其中：暂估价
			A.6　金属结构工程					
8	010606008001	钢爬梯	U型钢爬梯，型钢品种、规格详××图，油漆为红丹一遍，调合漆二遍	t	0.258			
			分部小计					
			A.7　屋面及防水工程					
9	010702003001	屋面刚性防水	C20 细石混凝土，厚 40mm，建筑油膏嵌缝	m²	1853			
			（其他略）					
			分部小计					
			A.8　防腐、隔热、保温工程					
10	010803001001	保温隔热屋面	沥青珍珠岩块 500×500×150mm，1：3 水泥砂浆护面，厚25mm	m²	1853			
			（其他略）					
			分部小计					
			本页小计					
			合　计					

二、措施项目清单表的编制

措施项目：为完成工程项目施工，发生于该工程施工准备和施工过程中的技术、生活、安全、环境保护等方面的非工程实体项目。

所谓非实体性项目，一般来说，其费用的发生和金额的大小与使用时间、施工方法或者两个以上工序相关，与实际完成的实体工程量的多少关系不大，典型的是大中型施工机械、文明施工和安全防护、临时设施等。但有的非实体性项目，则是可以计算工程量的项目，典型的是混凝土浇筑的模板工程。

（一）措施项目清单的列项要求

措施项目清单的编制需考虑多种因素，除工程本身的因素以外，还涉及水文、气象、环境、安全等因素。若出现本规范未列的项目，可根据工程实际情况补充。

措施项目包括"通用措施项目"和"专业工程的措施项目"。

"通用措施项目"是指各专业工程的"措施项目清单"中均可列的措施项目。通用措施项目可按表 1-15 选择列项。

通用措施项目一览表 表 1-15

序号	项 目 名 称
1	安全文明施工（含环境保护、文明施工、安全施工、临时设施）
2	夜间施工
3	二次搬运
4	冬雨期施工
5	大型机械设备进出场及安拆
6	施工排水
7	施工降水
8	地上、地下设施，建筑物的临时保护设施
9	已完工程及设备保护

"专业工程措施项目"是指与各专业有关的措施项目。建筑工程的专业工程的措施项目可按附录中规定的项目选择列项（见表 1-16）。

专 业 项 目 表 1-16

序 号	项 目 名 称
1	混凝土，钢筋混凝土模板及支架
2	脚手架
3	垂直运输机械

（二）江苏省关于措施项目清单的编制的规定

措施项目清单的编制应考虑多种因素，除工程本身因素外，还涉及水文，气象，环境，安全等和施工企业的实际情况。实际编制清单时，江苏省可参照下列内容并结合拟建工程的实际情况列项。

1. 按"费率"计算的措施项目

通用措施项目：

（1）现场安全文明施工 1）基本费 2）考评费 3）奖励费；（2）夜间施工；（3）冬雨期施工；（4）已完工程及设备保护；（5）临时设施；（6）材料与设备检验试验；（7）赶工措施；（8）工程按质论价。

专业工程措施项目：

各专业工程以"费率"计价的措施项目。

2. 按"项"计算的措施项目

通用措施项目：

（1）二次搬运；（2）大型机械设备进出场及安拆；（3）施工排水；（4）施工降水；（5）地下、地上设施，建筑物的临时保护设施；（6）特殊条件下施工增加。

专业工程措施项目：

各专业工程以"项"计价的措施项目。

（三）措施项目编制示例（见表 1-17、表 1-18）

措施项目清单与计价表（一）　　　　　　　　　　　表 1-17

工程名称：建筑学院教师住宅工程　　　　标段：　　　　　第 1 页　共 1 页

序号	项目名称	计算基础	费率（%）	金额（元）
1	现场安全文明施工费			
1.1	基本费	分部分项工程费		
1.2	考评费	分部分项工程费		
1.3	奖励费	分部分项工程费		
2	冬雨期施工	分部分项工程费		
3	已完工程及设备保护	分部分项工程费		
4	临时设施	分部分项工程费		
5	材料与设备检验试验	分部分项工程费		
	合　　　计			

措施项目清单与计价表（二）　　　　　　　　　　　表 1-18

工程名称：建筑学院教师住宅工程　　　　标段：　　　　　第 1 页　共 1 页

序号	项目名称	金额（元）
1	施工排水	
2	施工降水	
3	大型机械设备进出场及安拆费	
4	垂直运输机械	
5	脚手架	
6	混凝土，钢筋混凝土模板及支架	
	合　　　计	

三、其他项目清单表的编制

其他项目：对工程中可能发生或必然发生，但价格或工程量不能确定的项目费用的列支。

（一）其他项目清单列项内容

1. 暂列金额

"暂列金额"是招标人暂定并掌握使用的一笔款项，它包括在合同价款中，由招标人用于合同协议签订时尚未确定或者不可预见的所需材料、设备、服务的采购以及施工过程中各种工程价款调整因素出现时的工程价款调整。

不管采用何种合同形式，其理想的标准是，一份合同的价格就是其最终的竣工结算价格，或者至少两者应尽可能接近。我国规定对政府投资工程实行概算管理，经项目审批部门批复的设计概算是工程投资控制的刚性指标，即使是商业性开发项目也有成本的预先控制问题，否则，无法相对准确预测投资的收益和科学合理地进行投资控制。但工程建设自身的特性决定了工程的设计需要根据工程进展不断地进行优化和调整，业主需求可能会随着工程建设进展出现变化，工程建设过程还会存在一些不能预见、不能确定的因素。消化这些因素必然会影响合同价格的调整，暂列金额正是为这类不可避免的价格调整而设立，以便达到合理确定和有效控制工程造价的目标。

2. 暂估价

包括材料暂估价、专业工程暂估价。"暂估价"是在招标阶段预见肯定要发生，只是因为标准不明确或者需要由专业承包人完成，暂时不能确定价格的材料以及专业工程的金额。

暂估价类似于 FIDIC 合同条款中的 Prime Cost Items，在招标阶段预见肯定要发生，只是因为标准不明确或者需要由专业承包人完成，暂时无法确定价格。暂估价数量和拟用项目应当结合工程量清单中的"暂估价表"予以补充说明。

为方便合同管理，需要纳入分部分项工程量清单项目综合单价中的暂估价应只是材料费，以方便投标人组价。

专业工程的暂估价一般应是综合暂估价，应当包括除规费和税金以外的管理费、利润等取费。总承包招标时，专业工程设计深度往往是不够的，一般需要交由专业设计人设计，国际上，出于提高可建造性考虑，一般由专业承包人负责设计，以发挥其专业技能和专业施工经验的优势。这类专业工程交由专业分发包人完成是国际工程的良好实践，目前在我国工程建设领域也已经比较普遍。公开透明地合理确定这类暂估价的实际开支金额的最佳途径，就是通过施工总承包人与工程建设项目招标人共同组织的招标。

3. 计日工

"计日工"是对零星项目或工作采取的一种计价方式，包括完成作业所需的人工、材料、施工机械及其费用的计价，类似于定额计价中的签证记工。

计日工是为了解决现场发生的零星工作的计价而设立的。国际上常见的标准合同条款中，大多数都设立了计日工计价机制。计日工对完成零星工作所消耗的人工工时、材料数量、施工机械台班进行计量，并按照计日工表中填报的适用项目的单价进行计价支付。计日工适用的所谓零星工作一般是指合同约定以外的或者因变更而产生的、工程量清单中没有相应项目的额外工作，尤其是那些时间不允许事先商定价格的额外工作。

4. 总承包服务费

"总承包服务费"是在工程建设的施工阶段实行施工总承包时，当招标人在法律、法规允许的范围内对工程进行分包和自行采购供应部分设备、材料时，要求总承包人提供相关服务（如分包人使用总包人的脚手架、水电接驳等）和施工现场管理等所需的费用。

总承包服务费是为了解决招标人在法律、法规允许的条件下进行专业工程发包，以及自行供应材料、设备，并需要总承包人对发包的专业工程提供协调和配合服务，对供应的材料、设备提供收、发和保管服务以及进行施工现场管理时发生，并向总承包人支付的费用。招标人应预计该项费用并按投标人的投标报价向投保人支付该项费用。

工程建设标准的高低、工程的复杂程度、工程的工期长短、工程组成内容、发包人对工程管理要求等都直接影响其他项目清单的具体内容，规范中仅提供了 4 项内容作为参考。其不足部分，可根据工程的具体情况进行补充。如在竣工结算中，就将索赔、现场签证列入了其他项目中。

（二）其他项目清单表的编制示例（见表 1-19～表 1-24）

其他项目清单与计价汇总表　　　　表 1-19

工程名称：建筑学院教师住宅工程　　　　标段：　　　　第 1 页　共 1 页

序号	项目名称	计量单位	金额（元）	备注
1	暂列金额	项	300000	明细详见表 1-20
2	暂估价		100000	
2.1	材料暂估价		—	明细详见表 1-21
2.2	专业工程暂估价	项	100000	明细详见表 1-22
3	计日工			明细详见表 1-23
4	总承包服务费			明细详见表 1-24
	合　计			

暂列金额明细表　　　　表 1-20

工程名称：建筑学院教师住宅工程　　　　标段：　　　　第 1 页　共 1 页

序号	项目名称	计量单位	暂定金额（元）	备注
1	工程量清单中工程量偏差和设计变更	项	100000	
2	政策性调整和材料价格风险	项	100000	
3	其他	项	100000	
	合计		300000	—

材料暂估单价表　　　　表 1-21

工程名称：建筑学院教师住宅工程　　　　标段：　　　　第 页　共 页

序号	材料名称、规格、型号	计量单位	单价（元）	备注
1	钢筋（规格、型号综合）	t	5000	用在所有现浇混凝土钢筋清单项目

专业工程暂估价表　　　　表 1-22

工程名称：建筑学院教师住宅工程　　　　标段：　　　　第 页　共 页

序号	工程名称	工程内容	金额（元）	备注
1	入户防盗门	安装	100000	
	合　计		100000	—

计 日 工 表　　　　　　　　　　表 1-23

工程名称：建筑学院教师住宅工程　　　　标段：　　　　　第 1 页　共 1 页

编号	项目名称	单位	暂定数量	综合单价	合 价
一	人 工				
1	普工	工日	200		
2	技工（综合）	工日	50		
	人 工 小 计				
二	材料				
1	钢筋（规格、型号综合）	t	1		
2	水泥（42.5）	t	2		
3	中砂	m³	10		
4	砾石（5mm～40mm）	m³	5		
5	页岩砖（240×115×53mm）	千匹	1		
	材 料 小 计				
三	施工机械				
1	自升式塔式起重机（起重力矩 1250kN·m）	台班	5		
2	灰浆搅拌机（400L）	台班	2		
	施 工 机 械 小 计				
	总 计				

总承包服务费计价表　　　　　　　　　　表 1-24

工程名称：建筑学院教师住宅工程　　　　标段：　　　　　第 1 页　共 1 页

序号	项目名称	项目价值（元）	服务内容	费率（%）	金额（元）
1	发包人发包专业工程	100000	1. 按专业工程承包人的要求提供施工工作面并对施工现场进行统一管理，对竣工资料进行统一整理汇总。 2. 为专业工程承包人提供垂直运输机械和焊接电源接入点，并承担垂直运输费和电费。 3. 为防盗门安装后进行补缝和找平并承担相应费用。		
2	发包人供应材料	1000000	对发包人供应的材料进行验收及保管和使用发放。		
		合 计			

四、规费、税金清单表的编制

规费是按国家有权部门规定标准必须交纳的费用。

（一）规费的内容

根据建设部、财政部"关于印发《建筑安装工程费用项目组成》的通知"（建标[2003]206 号）的规定，规费包括工程排污费、社会保障费（养老保险、失业保险、医疗保险）、住房公积金、危险作业意外伤害保险。规费是政府和有关权力部门规定必须缴纳的费用，编制人对《建筑安装工程费用项目组成》未包括的规费项目，在编制规费项目清单时应根据省级政府或省级有关权力部门的规定列项。

1. 规费项目清单应按照下列内容列项

（1）工程排污费；

（2）社会保障费：包括养老保险费、失业保险费、医疗保险费；

（3）住房公积金；

（4）危险作业意外伤害保险。

2. 根据江苏省现行规定，规费项目清单列项

（1）工程排污费；

（2）建筑安全监督管理费；

（3）社会保障费；

（4）住房公积金。

3. 规费项目清单列项：规费（包括具体内容）

（二）税金的内容

税金是依据国家税法的规定应计入建筑安装工程造价内，由承包人负责缴纳的营业税、城市维护建设税以及教育费附加等的总称。

根据建设部、财政部"关于印发《建筑安装工程费用项目组成》的通知"（建标 [2003] 206 号）的规定，目前我国税法规定应计入建筑安装工程造价的税种包括营业税、城市维护建设税及教育费附加。如国家税法发生变化，税务部门依据职权增加了税种，应对税金项目清单进行补充。

1. 税金项目清单应包括下列内容

（1）营业税；

（2）城市维护建设税；

（3）教育费附加。

出现未列的项目，应根据税务部门的规定列项。

2. 税金项目清单列项：税金

（三）规费、税金项目清单表的编制示例（见表 1-25）

规费、税金项目清单与计价表　　　　　　　　　　表 1-25

工程名称：　　　　　　　　　标段：　　　　　　　　　第　页　共　页

序号	项目名称	计算基础	费率（%）	金额（元）
1	规费			
1.1	工程排污费	按环保部门规定计取		
1.2	安全生产监督费	分部分项工程费＋措施项目费＋其他项目费		
1.3	社会保障费	分部分项工程费＋措施项目费＋其他项目费		
1.4	住房公积金	分部分项工程费＋措施项目费＋其他项目费		
2	税金	分部分项工程费＋措施项目费＋其他项目费＋规费		

五、总说明的填写

(一) 内容包括

(1) 工程概况：建设规模、工程特征、计划工期、施工现场实际情况、自然地理条件、环境保护要求等。

(2) 工程招标和分包范围。

(3) 工程量清单编制依据。

(4) 工程质量、材料、施工等的特殊要求。

(5) 其他需要说明的问题。

(二) 总说明填写示例 (见表 1-26)

总　说　明　　　　　　　　　　　　　　　　表 1-26

工程名称：建筑学院教师住宅工程　　　　　　　　　　　第 1 页　共 1 页

---

1. 工程概况：本工程为砖混结构，采用混凝土灌注桩，建筑层数为六层，建筑面积为 10940m²，计划工期为 300 日历天。施工现场距教学楼最近处为 20m，施工中应注意采取相应的防噪措施。

2. 工程招标范围：本次招标范围为施工图范围内的建筑工程。

3. 工程量清单编制依据

(1) 住宅楼施工图。

(2)《建设工程工程量清单计价规范》。

4. 其他需要说明的问题

(1) 招标人供应现浇构件的全部钢筋，单价暂定为 5000 元 /t。

承包人应在施工现场对招标人供应的钢筋进行验收、保管和使用发放。

招标人供应钢筋的价款支付，由招标人按每次发生的金额支付给承包人，再由承包人支付给供应商。

(2) 进户防盗门另进行专业发包。总承包人应配合专业工程承包人完成以下工作：

1) 按专业工程承包人的要求提供施工工作面并对施工现场进行统一管理，对竣工资料进行统一整理汇总。

2) 为专业工程承包人提供垂直运输机械和焊接电源接入点，并承担垂直运输费和电费。

3) 为防盗门安装后进行补缝和找平并承担相应费用。

六、封面的填写

(一) 封面应按规定的内容填写、签字、盖章，造价员编制的工程量清单应有负责审核的造价工程师签字、盖章。

(1) "发包人"有时也称建设单位或业主，在工程招标发包中，又被称为招标人。

(2) "承包人"有时也称施工企业，在工程招标发包中，投标时又被称为投标人，中标后称为中标人。

(3) "造价工程师"是指按照《注册造价工程师管理办法》(建设部令第 150 号)，经全国统一考试合格，取得造价工程师执业资格证书，经批准注册在一个单位从事工程造价活动的专业技术人员。

(4)"造价员"是指通过考试，取得《全国建设工程造价员资格证书》，在一个单位从事工程造价活动的专业人员。

(5)"工程造价咨询人"是指按照《工程造价咨询企业管理办法》（建设部令第149号），取得工程造价咨询资质，在其资质许可范围内接受委托，提供工程造价咨询服务的企业。

（二）封面填写示例（见表 1-27）

表 1-27

建 筑 学 院 教 师 住 宅 工 程

工 程 量 清 单

招 标 人：<u>建筑学院
单位公章</u>
（单位盖章）

咨 询 人：<u>工程造价×工程造价咨询企业
资质专用章</u>
（单位资质专用章）

法定代表人
或其授权人：<u>建筑学院
法定代表人</u>
（签字或盖章）

法定代表人×工程造价咨询企业
或其授权人：<u>法定代表人</u>
（签字或盖章）

编 制 人：<u>×××签字
盖造价工程师
或造价员专用章</u>
（造价人员签字盖专用章）

复 核 人：<u>×××签字
盖造价工程师专用章</u>
（造价工程师签字盖专用章）

编制时间：2010 年 7 月 1 日   复核时间：2010 年 7 月 25 日

课后讨论

1. 描述工程量清单项目特征时应按哪些原则？
2. 措施项目清单的列项有哪些要求？

练习题

1. 分部分项工程量清单的五个要件是什么？
2. 分部分项工程量清单项目编码是如何设置的？
3. 其他项目清单列项有哪些内容？
4. 规费项目清单列项有哪些？
5. 税金项目清单如何列项？
6. 总说明应包括哪些内容？

单元四 工程量清单文件编制实训

一、单项实训

任务一：编制分部分项工程量清单表；

任务二：编制措施项目清单表；

任务三：编制其他项目、规费、税金清单表等。

二、综合实训

任务：分组编制徐州建筑学院家属区围合工程 1 号、2 号、3 号传达室工程量清单文件。

（一）综合实训步骤

（1）准备施工图纸，《建设工程工程量清单计价规范》（GB 50500—2008）等有关资料。

（2）计算工程量。

（3）编制分部分项工程量清单表。

（4）编制措施项目清单表。

（5）编制其他项目清单表。

（6）编制规费、税金项目清单表。

（7）复核。

（8）填写总说明。

（9）填写封面，签字，盖章，装订。

（二）任务描述

根据以下资料分组编制建筑工程工程量清单文件：

（1）建筑学院家属区围合工程 1 号、2 号、3 号传达室施工图纸。

（2）《建设工程工程量清单计价规范》（GB 50500—2008）。

（3）省市有关文件。

（4）其他相关资料。

其他相应说明：

（1）计日工：30 工日。

（2）施工图纸见附录六。

小结

项目一从 4 个单元进行介绍。具体内容如下：

1. 工程量清单的概念、编制依据、内容、格式、步骤，这是编制工程量清单的基础。

2. 《建设工程工程量清单计价规范》，这是编制工程量清单的准备。

3. 重点介绍工程量清单文件的编制，从分部分项清单表的编制；措施项目清单表的编制、其他项目清单表的编制；规费、税金清单表的编制以及说明、封面的填写等方面分别予以介绍。每一部分都有相应的示例。

4. 工程量清单文件编制的综合实训，系统并加强所学知识，将知识运用到工程实践中去。

项目二

工程量清单计价文件的编制

引　言

主要介绍工程量清单计价文件的编制。

学习目标

通过本项目学习，你将能够：编制工程量清单计价文件。

单元一　概述

学习目标

　　了解工程量清单计价概念，熟悉工程量清单计价编制依据、内容、格式、编制步骤。

关键概念

　　工程量清单计价

一、工程量清单计价概念

　　假设工程招投标中，按照《建设工程工程量清单计价规范》有关规定，由招标人提供工程数量，按照《全国统一建筑工程基础定额》(《××省建筑工程计价表》)，《费用定额》等有关规定，投标人自行报价的一种工程造价计价模式。

二、工程量清单计价编制的依据

　　工程量清单计价应根据下列依据进行编制：
　　(1) 建设工程工程量清单计价规范 (GB 50500—2008)；
　　(2) 国家或省级、行业建设主管部门颁发的计价办法；
　　(3) 企业定额，国家或省级、行业建设主管部门颁发的计价定额；
　　(4) 招标文件、工程量清单及其补充通知、答疑纪要；
　　(5) 建设工程设计文件及相关资料；
　　(6) 施工现场情况、工程特点及拟定的投标施工组织设计或施工方案；
　　(7) 与建设项目相关的标准、规范等技术资料；
　　(8) 市场价格信息或工程造价管理机构发布的工程造价信息；
　　(9) 其他的相关资料。

三、工程量清单计价编制的内容

　　工程量清单计价文件由下列内容组成：封面，总说明，投标报价汇总表，分部分项工程量清单计价表，措施项目清单计价表，其他项目清单计价表，规费、税金项目清单计价表，工程量清单综合单价分析表，措施项目清单综合单价分析表。

四、工程量清单计价的格式

工程量清单计价表宜采用统一格式，但由于行业、地区的一些特殊情况，省级或行业建设主管部门可在规范提供计价格式的基础上予以补充。（见编制实例）

五、工程量清单计价编制步骤

工程量清单计价应按下列步骤进行编制：

（1）针对工程量清单进行组价：按《全国统一建筑工程基础定额》（《××省建筑工程计价表》）计算出相应的工程量，并进行组价，计算出清单的综合单价。

（2）编制分部分项工程量清单计价表。

（3）编制措施项目清单计价表。

（4）编制其他项目清单计价表。

（5）编制规费、税金项目清单计价表。

（6）编制计价汇总表。

（7）复核。

（8）填写总说明。

（9）填写封面，装订。

课后讨论

1. 工程量清单计价的编制依据有哪些？
2. 工程量清单计价的编制包括哪些内容？

练习题

1. 什么是工程量清单计价？
2. 谈谈工程量清单计价的编制步骤。

单元二 《全国统一建筑工程基础定额》简介

了解建筑工程预算定额的概念。熟悉《全国统一建筑工程基础定额》、《江苏省建筑与装饰工程计价表》的内容。

建筑工程预算定额

一、建筑工程预算定额概念

是指在正常的施工条件下，完成规定计量单位的合格建筑产品消耗的人工、材料、施工机械台班的数量标准。

二、《全国统一建筑工程基础定额》

包括文字说明、定额项目表和附录。

1. 文字说明

（1）总说明

定额总说明是针对定额的共性问题阐述的。除编制目的、指导思想、编制原则、编制依据外，重点明确适用范围、水平运输范围、垂直运输高度、已考虑到和未考虑到的因素等。

（2）建筑面积计算规则

建筑面积是编制和考核固定资产投资计划的重要依据，也是确定单位工程的造价和技术经济指标的基础数据。为了正确计算建筑面积和统一设计、施工、统计的口径，国家颁布了《建筑面积计算规则》。

（3）分部工程及说明

在基础定额中，根据施工规范和验收规范一般将分部工程按工程内容、部位、工种、使用材料等不同因素，划分为 15 个分部，编为十五章，分部工程说明即每章说明，是基础定额的重要组成部分，它详细地阐明了本分部各个主要项目内容、定额子目套用换算方法等。

2. 分项工程定额项目表

在一个分部工程中，按工程性质、内容、施工方法、使用材料等因素，又可划分为若干个分项工程。分项工程是基础定额的标定对象，定额的适用性主要反映在分项工程的内容上。分项工程在基础定额中按"节"编排。

在分项工程中，又按材料不同、构造不同、工程性质不同、规格不同等再细分为若干个子目，基础定额中的"定额编号"是指子目的编号，通常以 1、2、3、4…顺序排列。

定额项目表，就是以分部工程归类、以分项工程子目排列的项目表。定额项目表是基础定额中的核心内容，定额项目表中列有人工、材料、机械台班的消耗指标以及工程内容、计量单位、定额编号和附注。附注规定了某个子目的使用方法和范围。针对某个子目，由于使用材料不同、规格不同，施工方法不同的处理方法和调整系数，在实际应用中十分重要。

3. 附录

附录放在基础定额的最后，一般有混凝土、砂浆配合比表，有时还列出材料、半成品、成品损耗率表等，附录是供分析定额、换算定额和补充定额时使用。

三、《江苏省建筑与装饰工程计价表》

（一）包括内容

（1）文字说明——总说明；建筑面积计算规则；各分部（章）说明及工程量计算规则。

（2）分项工程定额项目表——23 个分部（章）工程。在一个分部工程中，又分为若干个分项（节）工程。在分项（节）工程中，又再细分为若干个子目，"定额编号"是指子目的编号。

（3）附录——九个附录。

（二）各分部（章）简介

（1）第一章：土石方工程。两部分 345 个子目。其中人工土石方工程 136 个子目；机械土石方 209 个子目。

（2）第二章：打桩及基础垫层。两部分 122 个子目。其中打桩工程 103 个子目；基础垫层 19 个子目。

（3）第三章：砌筑工程。三部分 83 个子目。其中砌砖 48 个子目；砌石 16 个子目；构筑物 19 个子目。

（4）第四章：钢筋工程。四部分 32 个子目。其中现浇构件 8 个子目；预制构件 6 个子目；预应力构件 10 个子目；其他 8 个子目。

（5）第五章：混凝土工程。三部分 423 个子目。其中自拌混凝土构件 169 个子目；商品混凝土泵送构件 114 个子目；商品混凝土非泵送构件 140 个子目。

（6）第六章：金属结构工程。八部分 45 个子目。

（7）第七章：构件运输及安装工程。两部分 154 个子目。其中构件运输 48 个子目；构件安装 106 个子目。

（8）第八章：木结构工程。三部分 81 个子目。其中厂库房大门、特种门 37 个子目；木结构 28 个子目；附表 16 个子目。

（9）第九章：屋平、立面防水及保温隔热工程。五部分 242 个子目。其中屋面防水 87 个子目；平面、立面及其他防水 67 个子目；伸缩缝、止水带 32 个子目；屋面排水 23 个子目；保温、隔热 33 个子目。

（10）第十章：防腐耐酸工程。五部分 195 个子目。其中整体面层 61 个子目；平面砌块料面层 52 个子目；池、沟砌块料 16 个子目；耐酸防腐涂料 61 个子目；烟囱、烟道内涂刷隔绝层 5 个子目。

（11）第十一章：厂区道路及排水工程。十部分 68 个子目。

（12）第十二章：楼地面工程～第十七章：其他零星工程，属装饰工程部分，略。

（13）第十八章：建筑物超高增加费用。两部分 36 个子目。其中建筑物超高增加费 18 个子目；单独装饰工程超高部分人工降效分段增加系数计算表 18 个子目。

（14）第十九章：脚手架。两部分 47 个子目。其中脚手架 29 个子目；建筑物檐高超过 20 米脚手材料增加费 18 个子目。

（15）第二十章：模板工程。四部分 254 个子目。其中现浇构件模板 100 个子目；现场预制构件模板 43 个子目；加工厂预制构件模板 41 个子目；构筑物工程模板 70 个子目。

（16）第二十一章：施工排水、降水、深基坑支护。三部分 30 个子目。其中施工排水 12 个子目；施工降水 6 个子目；深基坑支护 12 个子目。

（17）第二十二章：建筑工程垂直运输。四部分 57 个子目。其中建筑物垂直运输 28 个子目；单独装饰工程垂直运输 12 个子目；构筑物垂直运输 10 个子目；施工垂直运输机械基础 7 个子目。

（18）第二十三章：场内二次搬运。两部分 136 个子目。其中机动翻斗车二次搬运 22 个子目；单（双）轮车二次搬运 114 个子目。

（三）附录简介

（1）附录一：混凝土及钢筋混凝土构件模板，钢筋含量表。

（2）附录二：机械台班预算单价取定表。

（3）附录三：混凝土、特种混凝土配合比表。

（4）附录四：砌筑砂浆、抹灰砂浆、其他砂浆配合比表。

（5）附录五：防腐耐酸砂浆配合比表。

（6）附录六：主要建筑材料预算价格取定表。

（7）附录七：抹灰分层厚度及砂浆种类表。

（8）附录八：主要材料、半成品损耗率取定表。

（9）附录九：常用钢材理论重量及形体公式计算表。

课后讨论

《全国统一建筑工程基础定额》的主要内容有哪些?

练习题

谈谈《江苏省建筑与装饰工程计价表》主要内容。

单元三　建筑面积的计算

学习目标

了解建筑面积的概念、组成及作用;熟悉与建筑面积计算有关的术语;掌握建筑面积的计算规定。

关键概念

建筑面积

一、建筑面积的概念及组成

1. 建筑面积

是指建筑物各层面积的总和。

各层水平面积指的是结构外围水平面积。是指不包括外墙装饰抹灰层的厚度的面积。因此,建筑面积应按施工图纸尺寸计算,而不能在现场量取。

2. 建筑面积的组成

建筑面积是由使用面积,辅助面积和结构面积三部分组成。使用面积,辅助面积之和称为有效面积。

$$建筑面积＝使用面积＋辅助面积＋结构面积$$

(1) 使用面积－建筑物各层为生产或生活使用的净面积总和。如办公室、卧室、客厅等。

(2) 辅助面积－建筑物各层为生产或生活起辅助作用的净面积总和。如电梯间、楼梯间等。

(3) 结构面积－各层平面布置中的墙体、柱等结构所占面积总和。

二、建筑面积的作用

(1) 重要的管理指标。物资管理部门宏观调配材料分配、统计部门统计完成的基本建设任务；

(2) 重要的技术指标。评价设计方案的优劣——使用面积占建筑面积的比例。

(3) 重要的经济指标。确定工程建设的技术经济指标——单方造价，国家计划部门计算和控制建设规模；

(4) 重要的计算依据。是计算有关分项工程量的依据

建筑面积是确定每平方米建筑面积的造价和工程用量的基础性指标，即：

是选择概算指标和编制概算的主要依据。

因此建筑面积是技术经济指标的技术基础，对全面控制建设工程造价有重要的意义。

三、建筑面积计算的规定

全国统一计算规定——《建筑工程建筑面积计算规范》(GB/T 50353—2005)

(一) 计算建筑面积的范围

1) 单层建筑物：按建筑物外墙勒脚以上结构外围水平面积计算，并应符合下列规定：

(1) 高度在 2.20m 及以上者应计算全面积；高度不足 2.20m 者应计算 1/2 面积。

(2) 利用坡屋顶内空间时净高超过 2.10m 的部位应计算全面积；净高在 1.20m 至 2.10m 的部位应计算 1/2 面积；净高不足 1.20m 的部位不应计算面积。

注意 1：

①所谓结构外围是指不包括外墙装饰抹灰层的厚度，因而建筑面积应按图纸尺寸计算，而不能在现场量取。

②突出外墙的构件、配件、附墙柱、垛、勒脚、台阶、墙面抹灰、镶贴块料、装饰面不计算建筑面积。

③高低联跨的单层建筑物，需分别计算建筑面积时，应按"高跨算足"的原则进行计算。

2) 单层建筑物内设有局部楼层者（见图 2-1），局部楼层的二层及以上楼层，有围护结构的应按其围护结构外围水平面积计算，无围护结构的应按其结构底板水平面积计算。层

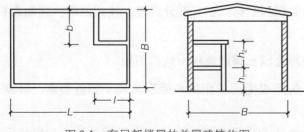

图 2-1 有局部楼层的单层建筑物图

高在 2.20m 及以上者应计算全面积；层高不足 2.20m 者应计算 1/2 面积。

3）多层建筑物：按各层建筑面积之和计算，其首层建筑面积按外墙勒脚以上结构的外围水平面积计算，二层及二层以上按外墙结构的外围水平面积计算。层高在 2.2m 及以上，要计算全面积；层高不足 2.2m，要计算 1/2 面积。

注意 2：

①以幕墙作为围护结构的建筑物，按幕墙外边线计算建筑面积。

②建筑物外墙外侧有保温隔热层的，按保温隔热层外边线计算建筑面积。

③设有围护结构不垂直水平面而超出底板外沿的建筑物，按其底板面的外围水平面积计算。

④同一建筑物当结构、层数不同时，应分别计算建筑面积。

4）多层建筑坡屋顶内和场馆看台下，当设计加以利用时净高超过 2.10m 的部分计算全面积；净高在 1.20m 至 2.10m 的部位计算 1/2 面积；不足 1.2m 时不计算。

5）地下室（见图 2-2）、半地下室（车间、商店、车站、车库、仓库等），包括相应的有永久性顶盖的出入口，应按其外墙上口（不包括采光井、外墙防潮层及其保护墙）外边线所围水平面积计算。层高在 2.20m 及以上者应计算全面积；层高不足 2.20m 者应计算 1/2 面积。

6）坡地的建筑物利用吊脚空间设置架空层（见图 2-3）和深基础地下架空层设计加以利用时，有围护结构的，

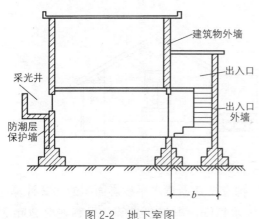

图 2-2　地下室图

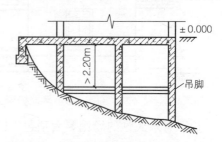

图 2-3　有吊脚空间的坡地建筑物图

其层高超过 2.20m，按围护结构外围水平面积计算建筑面积；层高不足 2.20m 的部位计算 1/2 面积。

注意 3：设计加以利用、无围护结构的建筑吊脚架空层，按其利用部位水平的 1/2 计算。设计不利用的深基础架空层、坡地吊脚架空层、多层建筑坡屋顶内和场馆看台下的空间不计算面积。

7）穿过建筑物的通道，建筑物内的门厅、大厅，不论其高度如何均按一层建筑面积计算。门厅、大厅内设有回廊时，按其自然层的底板水平投影面积计算建筑面积。层高 2.20m 及以上者计算全面积；层高不足 2.20m 者计算 1/2 面积。

8）建筑物间有围护结构的架空走廊，应按其围护结构外围水平面积计算。层高在 2.20m 及以上者应计算全面积；层高不足 2.20m 者应计算 1/2 面积。有永久性顶

盖无围护结构的应按其结构底板水平面积的1/2计算。

9）立体书库、立体仓库及立体车库，无结构层的按一层计算；设有结构层的，按结构层分别计算建筑面积。层高在2.2m及以上者计算全面积；层高不足2.2m者计算1/2面积。

10）有维护结构的舞台灯光控制室，按其维护结构外围水平面积乘以层数计算建筑面积。层高在2.2m及以上者计算全面积；层高不足2.2m者计算1/2面积。

11）建筑物外有围护结构的落地橱窗、门斗、挑廊、走廊、檐廊（见图2-4），应按其围护结构外围水平面积计算。层高在2.20m及以上者应计算全面积；层高不足2.20m者应计算1/2面积。有永久性顶盖无围护结构的应按其结构底板水平面积的1/2计算。

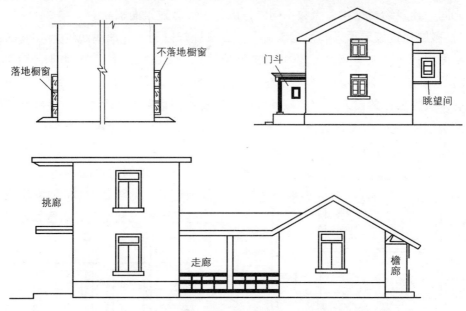

图2-4　落地橱窗、门斗、挑廊、走廊、檐廊图

12）有永久性的场馆看台顶盖无围护结构应按其顶盖水平投影面积的1/2计算。

13）建筑物顶部有围护结构的楼梯间、水箱间、电梯机房等，层高在2.20m及以上者应计算全面积；层高不足2.20m者应计算1/2面积。

14）设有围护结构不垂直于水平面而超出底板外沿的建筑物，应按其底板面的外围水平面积计算。层高在2.20m及以上者应计算全面积；层高不足2.20m者应计算1/2面积。

15）建筑物内的室内楼梯间、电梯井、观光电梯井、提物井、管道井、通风排气竖井、垃圾道、附墙烟囱应按建筑物的自然层计算。

16）雨篷结构的外边线至外墙结构外边线的宽度超过2.10m时，按雨篷结构板的水平投影面积的1/2计算。（见图2-5）

17）有永久性顶盖的室外楼梯，应按建筑物自然层

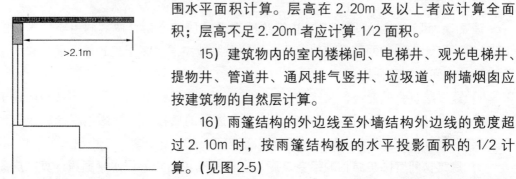

图2-5　雨篷图

的水平投影面积的 1/2 计算。

注意 4：室外楼梯，最上层楼梯无永久性顶盖，或不能安全遮盖楼梯的雨篷，上层楼梯不计算面积，上层楼梯可视为下层楼梯的永久性顶盖，下层楼梯应计算面积。

18）建筑物的阳台均应按其水平投影面积的 1/2 计算。

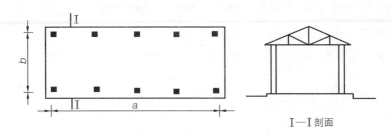

图 2-6　双排柱货棚图

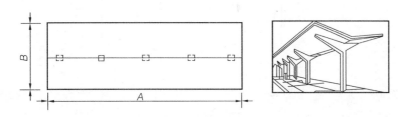

图 2-7　单排柱站台图

19）有永久性顶盖无围护结构的车棚、货棚（见图2-6）、站台（见图2-7）、加油站、收费站等，按顶盖水平投影面积的 1/2 计算建筑面积。

20）高低联跨的建筑物，应以高跨结构外边线为界分别计算建筑面积；其高低跨内部连通时，其变形缝应计算在低跨面积内。

21）以幕墙作为围护结构的建筑物，应按幕墙外边线计算建筑面积。

22）建筑物外墙外侧有保温隔热层的，应按保温隔热层外边线计算建筑面积。

23）建筑物内的变形缝（见图2-8），应按其自然层合并在建筑物面积内计算。

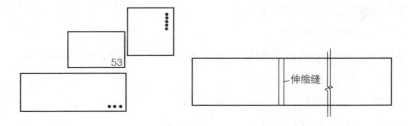

图 2-8　变形缝图

（二）不计算建筑面积的范围

（1）建筑物通道（骑楼、过街楼的底层）。

（2）建筑物内的设备管道夹层。

（3）建筑物内分隔的单层房间，舞台及后台悬挂幕布、布景的天桥、挑台等。

（见图2-9）

（4）屋顶水箱、花架、凉棚、露台、露天游泳池。

（5）建筑物内的操作平台、上料平台（见图 2-10）、安装箱和罐体的平台。

（6）勒脚、附墙柱、垛、台阶、墙面抹灰、装饰面、镶贴块料面层、装饰性幕墙、空调机外机搁板（箱）、飘窗、构件、配件、宽度在 2.10m 及以内的雨篷以及与建筑物内不相连通的装饰性阳台、挑廊。

（7）无永久性顶盖的架空走廊、室外楼梯和用于检修、消防等的室外钢楼梯、爬梯。

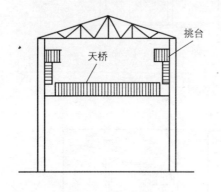

图 2-9　天桥、挑台图

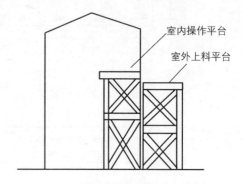

图 2-10　操作平台、上料平台图

（8）自动扶梯、自动人行道。

（9）独立烟囱、烟道、地沟、油（水）罐、气柜、水塔、贮油（水）池、贮仓、栈桥、地下人防通道、地铁隧道。

附：术语释解

1. 层高（story height）

上下两层楼面或楼面与地面之间的垂直距离。

2. 自然层（floor）

按楼板、地板结构分层的楼层。

3. 架空层（empty space）

建筑物深基础或坡地建筑吊脚架空部位不回填土石方形成的建筑空间。

4. 走廊（corridor gollory）

建筑物的水平交通空间。

5. 挑廊（overhanging corridor）

挑出建筑物外墙的水平交通空间。

6. 檐廊（eaves gollory）

设置在建筑物底层出檐下的水平交通空间。

7. 回廊（cloister）

在建筑物门厅、大厅内设置在二层或二层以上的回形走廊。

8. 门斗（foyer）

在建筑物出入口设置的起分隔、挡风、御寒等作用的建筑过渡空间。

9. 建筑物通道（passage）

为道路穿过建筑物而设置的建筑空间。

10. 架空走廊（bridge way）

建筑物与建筑物之间，在二层或二层以上专门为水平交通设置的走廊。

11. 勒脚（plinth）

建筑物的外墙与室外地面或散水接触部位墙体的加厚部分。

12. 围护结构（envelop enclosure）

围合建筑空间四周的墙体、门、窗等。

13. 围护性幕墙（enclosing curtain wall）

直接作为外墙起围护作用的幕墙。

14. 装饰性幕墙（decorative faced curtain wall）

设置在建筑物墙体外起装饰作用的幕墙。

15. 落地橱窗（French window）

突出外墙面根基落地的橱窗。

16. 阳台（balcony）

供使用者进行活动和晾硒衣物的建筑空间。

17. 眺望间（view room）

设置在建筑物顶层或挑出房间的供人们远眺或观察周围情况的建筑空间。

18. 雨篷（canopy）

设置在建筑物进出口上部的遮雨、遮阳篷。

19. 地下室（basement）

房间地平面低于室外地平面的高度超过该房间净高的 1/2 者为地下室。

20. 半地下室（semi-basement）

房间地平面低于室外地平面的高度超过该房间净高的 1/3，且不超过 1/2 者为半地下室。

21. 变形缝（deforrnation joint）

伸缩缝（温度缝）、沉降缝和抗震缝的总称。

22. 永久性顶盖（permanent cap）

经规划批准设计的永久使用的顶盖。

23. 飘窗（bay window）

为房间采光和美化造型而设置的突出外墙的窗。

24. 骑楼（overhang）

楼层部分跨在人行道上的临街楼房。

25. 过街楼（arcade）

有道路穿过建筑空间的楼房。

课后讨论

建筑工程中哪些部位不计算建筑面积?

练习题

1. 谈谈建筑面积的概念及它是如何组成的?
2. 谈谈建筑面积计算的规定。

单元四　工程量的计算

学习目标

了解工程量含义、计算的原则;熟悉计算的依据、计算的顺序、计算工程量的技巧、工程量计算的注意事项。

关键概念

工程量

一、工程量的含义

工程量,就是以物理计量单位或自然单位所表示的各个具体工程和结构配件的数量。

自然计量单位是指以物体本身的自然属性为计量单位表示完成工程的数量。一般以件、块、个(或只)、台、座、套、组等或它们的倍数作为计量单位。例如,柜台、衣柜以台为单位,装饰灯具以套为单位。

物理计量单位是以物体的某种物理属性为计量单位,均以国家标准计量单位表示工程数量。以长度(m)、面积(m²)、体积(m³)、重量(t)等或它们的倍数为单位。

计算工程量是编制建筑工程工程量清单及计价的基础工作,是招标文件和投标报价的重要组成部分。工程量清单计价主要取决于两个基础因素,一是工程量,二是综合单价。为了准确计算工程造价,这两者的数量都得准确,缺一不可。因此,工程量计算的准确与否，将直接影响建筑工程的造价。

工程量又是施工企业编制施工组织计划，确定工程工作量，组织劳动力，合理安排施工进度和供应装饰材料、施工机具的重要依据。同时，工程量也是建设项目各个管理职能部门，像计划部门和统计部门工作的内容之一，例如，某段时间某领域所完成的实物工程量指标就是以工程量为计算基准的。

工程量的计算是一项比较复杂而细致的工作，其工作量在整个计价中所占比重较大，任何粗心大意，都会造成计算上的错误，致使工程造价偏离实际，造成国家资金和建筑材料的浪费与积压，从这层意义上说工程量计算也独具重要性。因此，正确计算工程量，对建设单位、施工企业和工程项目管理部门，对正确确定建筑工程造价都有重要的现实意义。

二、工程量计算的原则

分项工程和结构构件的工程量是编制工程计价最重要的基础性数据，工程量计算准确与否将直接影响工程造价的准确性。为快速准确地计算工程量，计算时应遵循以下原则：

(1) 计算工程量的项目与相应的定额项目在工作内容、计量单位、计算方法、计算规则上要一致；

(2) 工程量计算精度应统一；

(3) 要避免漏算、错算、重复计算；

(4) 尺寸取定应准确。

三、工程量计算的依据

(一) 审定的设计施工图纸及其说明

施工图是计算工程量的基础资料，因为施工图反映了建筑工程的各部位构件、做法及其相关尺寸，是计算工程量获取数据的基本依据。在取得施工图和设计说明等资料后，必须全面、细致地熟悉与核对有关图纸和资料，检查图纸是否齐全、正确。如果发现设计图纸有错漏或相互间有矛盾的，应及时向设计人员提出修正意见，及时更正。经审核、修正后的施工图才能作为计算工程量的依据。

(二) 建筑工程工程量计算规则

在《计价规范》附录中，编制了建筑工程工程量清单计算规则，由项目编码、项目名称、计量单位、工程量计算规则和工作内容等 6 项构成。建筑工程工程量清单及计算规则列表详细地规定了各分部分项工程量的计算规则、工程内容、项目特征、项目名称、计算方法和计量单位。它们是编制工程量清单时计算工程量的唯一依据，计算工程量时必须严格按照计算规则和方法进行。否则，计算的工程量就不符合规定，或者说计算结果数据和单位等与规范不相符。

《全国统一建筑工程基础定额》(××省建筑工程计价表) 中每章节的前面都列有

工程量计算规则，它是清单进行组价时计算工程量的依据。它与《计价规范》上的计算规则不完全一样。例如场地平整工程量的计算，《计价规范》中按"首层建筑面积计算"。《定额》(《计价表》)中按"建筑物的外边线每边各加2米进行计算"，组价时计算工程量，要严格按《定额》(《计价表》)的规定执行。

（三）建筑工程施工组织设计与施工技术措施方案

建筑工程施工组织设计是确定施工方案、施工方法和主要施工技术措施等内容的基本技术经济文件。例如，在施工组织设计中要明确：施工方案或施工方法不同，与分项工程的列项及套用定额相关，工程量计算也不一样。

四、工程量计算的顺序

一个单位建筑工程，分项繁多，少则几十个分项，多则几百个，而且很多分项类同，相互交叉。如果不按科学的顺序进行计算，就有可能出现漏算或重复计算工程量的情况，计算了工程量的子项进入工程造价，若漏算或重复算了工程量，就会少算或多算工程造价，给造价带来虚假性，同时给审核、校对带来诸多不便。因此计算工程量必须按一定顺序进行，以免差错。常用的计算顺序有以下几种：

（一）按工程量清单项目及计算规则表顺序计算

按附录A建筑工程工程量清单项目及工程量计算规则表的顺序进行计算，即表A1.1－A8.3所列的项目的顺序进行。

（二）按建筑工程预算定额(《计价表》)分部分项的顺序计算

按当地定额中的分部分项编排顺序计算工程量，即从定额的第一分部第一项开始，对照施工图纸，凡遇定额所列项目，在施工图中有的，就按该分部工程量计算规则算出工程量。凡遇定额所列项目，在施工图中没有，就忽略，继续看下一个项目，若遇到有的项目，其计算数据与其他分部的项目数据有关，则先将项目列出，其工程量待有关项目工程量计算完成后，再进行计算。例如，计算墙体砌筑，该项目在定额的第三分部，而墙体砌筑工程量为：（墙身长度×高度－门窗洞口面积）×墙厚－嵌入墙内混凝土及钢筋混凝土构件所占体积＋垛、附墙烟道等体积。这时可先将墙体砌筑项目列出，工程量计算可暂放缓一步，待第四分部混凝土及钢筋混凝土工程及第六分部门窗工程等工程量计算完毕后，再利用该计算数据补算出墙体砌筑工程量。

对于不同的分部工程，应按施工图列出其所包含的分项工程的项目名称，以方便工程量的计算。列表计算工程量

1. 分部工程的计算顺序

对于一般土建工程，确定分部工程量计算顺序的原则是方便计算。其一般顺序为：

建筑面积→基础工程→混凝土及钢筋混凝土工程→门窗工程→墙体工程→装饰抹灰工程→楼地面工程→屋面工程→金属结构工程→其他工程

（1）计算建筑面积和体积

建筑面积和体积都是土建工程预算的主要指标。它们不仅有独立概念和作用，也

是核对其他工程量的主要依据。因此必须首先计算出来。

(2) 计算基础分部工程量

因为计算时，基本上不能利用"统筹法计算"的四个基数而需独立计算。又因基础工程先施工，计价表先列项，在结构施工图中排在前面，根据工程量计算要少翻图纸、资料，以求快的原则，故宜将其排在计算程序的第二步。

(3) 计算混凝土及钢筋混凝土分部

混凝土及钢筋混凝土工程通常分为现浇混凝土、现浇钢筋混凝土、预制钢筋混凝土和预应力钢筋混凝土等工程。它同基础工程和墙体工程密切相关，它们之间既相互联系，又有制约，因此应将其排在计算程序的第三步。

(4) 计算门窗工程量

门窗工程既依赖墙体砌筑工程，又制约砌筑工程施工。它的工程量还是墙体和装饰工程量计算过程中的原始数据。因此应将其排在计算程序的第四步。

(5) 计算墙体分部工程量

主要是在利用第三、第四步某些数据的同时，又为装饰抹灰等工程量计算提供某些计算数据。例如，在计算墙体体积时，列出墙体面积（包括分层分段），可在后来的装饰抹灰工程量计算中加以利用。因此应将其排在计算程序的第五步。

(6) 计算装饰工程量

主要是在充分利用第三、第四、第五步有关数据的同时，为楼地面等工程量计算提供数据。因此应将其排在计算程序的第六步。

(7) 计算楼地面分部工程量

首先要计算出设备基础及地沟部分的相应工程量等，这样在计算楼地面工程量时，可以顺利地扣除其相应面积或体积（工程量）。在楼地面工程量计算过程中，既要充分利用上述第五、六步所提供数据，也要为屋面工程量计算提供相应数据。因此应将其排在计算程序的第七步。

(8) 计算屋面分部工程量

计算时可充分利用第一、七步所提供的数据，简化计算。

(9) 计算金属结构工程量

金属结构工程的工程量，一般与上述计算程序关系不大。因此可以单独进行计算。

(10) 计算其他工程量

其他工程又分为：其他室内工程和其他室外工程。其他室内工程如：水槽、水池、炉灶、楼梯扶手和栏杆等；其他室外工程如：花台、散水、明沟、阳台和台阶等。这些零星工程，均应分别计算出：预制、现浇、砌筑、抹灰、油漆和铁件等工程量。

对于脚手架工程量，可按施工组织设计文件规定，在墙体砌筑工程量计算时同时计算出来。

2. 分项工程量计算顺序

(1) 不同分项工程之间

在计算一般土建工程量时，不仅要合理确定各个分部工程量计算程序，而且要科学安排同一工程内部各个分项工程之间的工程量计算顺序。为了防止重算和避免漏算，通常按照施工顺序进行计算。

例如带形基础，它一般是由挖基槽土方、做垫层、砌基础和回填土等四个分项工程组成，各分项工程量计算顺序就可采用：挖基槽土方→做垫层→砌基础→回填土。

（2）同一分项工程中

为避免漏算和防止重算，在同一分项工程内部各个组成部分之间，宜采用以下工程量计算顺序：

1）按顺时针方向计算

即从施工图纸左上角开始，按顺时针方向从左向右进行，当计算路线绕图一周后，再重新回到施工图纸左上角的计算方法。如图 2-11 所示。

适合于计算外墙墙体、外墙基础、外墙挖地槽、楼地面、天棚工程。

2）按照横竖分割计算

即采用先左后右、先横后竖、从上至下的计算顺序。在同一张图纸上，先计算横项工程量，后计算竖向工程量。

在横向采用先左后右，从上至下；在竖向采用先上后下，从左至右。见图 2-12 所示。

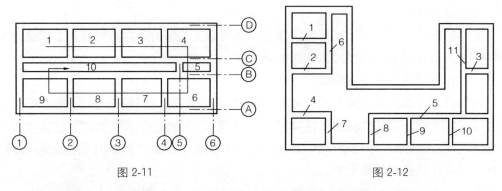

图 2-11   图 2-12

适用于内墙、内墙挖地槽、内墙基础和内墙装饰等工程量的计算。

3）按照构件编号计算

见图 2-13 所示。

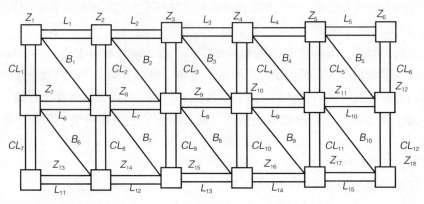

图 2-13

主要用于木结构、金属结构和钢筋混凝土结构等构件的计算。

如在计算钢筋混凝土结构工程量时，可以按其结构构件编号顺序计算。钢筋混凝土柱的计算顺序是：Z_1、Z_2、Z_3……Z_{18}；钢筋混凝土梁的计算顺序是：L_1、L_2、L_3……L_{15} 以及 CL_1、CL_2、CL_3……CL_{12}；钢筋混凝土板的计算顺序是板 B_1、B_2、B_3……B_{10}。

4）根据平面图上的定位轴线编号顺序计算

适合于计算：内外墙墙体、内外墙基础、内外墙挖地槽、内外墙装饰等。

（三）按施工顺序计算

按施工先后顺序依次计算工程量，即按平整场地、挖地槽、基础垫层、砖石基础、回填土、砌墙、门窗、钢筋混凝土楼板安装、屋面防水、外墙抹灰、楼地面、内墙抹灰、粉刷、油漆等分项工程进行计算。

（四）统筹法计算工程量

统筹法是一种科学的计划和管理方法。它是在吸收和总结运筹学的基础上，综合了国内外的大量文献资料，经过广泛的调查研究，由著名数学家华罗庚教授于 50 年代中期首创和命名的。

1. 统筹法计算工程量的基本原理

统筹法计算工程量，就是分析工程量计算过程中各分项工程量计算之间固有规律和相互依赖关系，运用统筹法原理和统筹图合理安排分项工程量的计算程序，明确工作中心，以提高工作质量和效率，达到及时准确地编制建筑工程计价的目的。

在工程量计算过程中，被多次重复使用的数据称为基数。例如，在计算地槽挖土、墙基垫层、基础砌筑、墙基防潮、地圈梁、墙体砌筑、踢脚板、墙面抹灰、涂料、脚手架等工程量时，要利用外墙中心线和内墙净长线；在计算外墙抹灰、散水、明沟、外脚手架等工程量时，要利用外墙外边线长度；在计算平整场地、房心回填土、找平层、楼地面面层、天棚抹灰等工程量时，要利用底层建筑面积。

在长期的工作实践中，人们把基数总结为"三线、一面、一册"。三线是指建筑施工图上所表示的外墙中心线、内墙净长线、外墙外边线；一面是指建筑施工图上所表示的底层建筑面积；一册是指为了扩大统筹法计算工程量的范围，有些地区或单位将在工程量计算中经常使用的数据、系数和标准配件工作量预先计算编册，以供查找。

2. 统筹法计算工程量的基本要点

运用统筹法计算工程量的基本要点是：统筹程序，合理安排；利用基数，连续计算；一次算出，多次使用；结合实际，灵活机动。

（1）统筹程序，合理安排

工程量计算程序的安排是否合理，关系着预算工作的效率高低，进度快慢。按施工顺序或定额顺序进行计算工程量，往往不能充分利用数据间的内在联系而形成重复计算，浪费时间和精力，有时还易出现计算差错。

例如，某室内地面有地面垫层、找平层及地面面层三道工序，如按施工顺序或定额顺序计算则为：

1) 地面垫层体积＝长×宽×垫层厚 (m³)

2) 找平层面积＝长×宽 (m²)

3) 地面面层面积＝长×宽 (m²)

按照统筹法原理，根据工程量自身计算规律，按先主后次统筹安排，把地面面层放在其他两项的前面，利用它得出的数据供其他工程项目使用。即：

1) 地面面层面积＝长×宽 (m²)

2) 找平层面积＝地面面层面积 (m²)

3) 地面垫层体积＝地面面层面积×垫层厚 (m³)

按上面程序计算，抓住地面面层这道工序，长×宽只计算一次，还把后两道工序的工程量带算出来，且计算的数字结果相同，减少了重复计算。从这个简单的实例中，说明了统筹程序的意义。

(2) 利用基数，连续计算

就是以"线"或"面"为基数，利用连乘或加减，算出与它有关的分项工程量。基数就是"线"和"面"的长度和面积。

基数"三线"、"一面"的概念与计算

外墙外边线：用 L 外表示，L 外＝建筑物平面图的外围周长之和。

外墙中心线：用 L 中表示，L 中＝L 外－外墙厚×4。

内墙净长线：用 L 内表示，L 内＝建筑平面图中所有的内墙长度之和。

S 底＝建筑物底层平面图勒脚以上外围水平投影面积。

1) 与"线"有关的项目有：

L 中：外墙基挖地槽、外墙基础垫层、外墙基础砌筑、外墙墙基防潮层、外墙圈梁、外墙墙身砌筑等分项工程。

L 外：平整场地、勒脚，腰线，外墙勾缝，外墙抹灰，散水等分项工程。

L 内：内墙基挖地槽，内墙基础垫层，内墙基础砌筑，内墙基础防潮层，内墙圈梁，内墙墙身砌筑，内墙抹灰等分项工程。

2) 与"面"有关的计算项目有：平整场地、天棚抹灰、楼地面及屋面等分项工程。

(3) 一次算出，多次使用

在工程量计算过程中，往往有一些不能用"线"、"面"基数进行连续计算的项目，如木门窗、屋架、钢筋混凝土预制标准构件等，事先，将常用数据一次算出，汇编成土建工程量计算手册（即"册"），其次也要把那些规律较明显的如槽、沟断面、砖基础大放脚断面等，都预先一次算出，也编入册。当需计算有关的工程量时，只要查手册就可很快算出所需要的工程量。这样可以减少那种按图逐项地进行繁琐而重复的计算，亦能保证计算的及时与准确性。

(4) 结合实际，灵活机动

用"线"、"面"、"册"计算工程量，是一般常用的工程量基本计算方法，实践证明，在一般工程上完全可以利用。但在特殊工程上，由于基础断面、墙厚、砂浆标号和各楼层的面积不同，就不能完全用"线"或"面"的一个数作为基数，而必须结合实际灵活地计算。

一般常遇到的几种情况及采用的方法如下：

1）分段计算法

当基础断面不同，在计算基础工程量时，就应分段计算。

2）分层计算法

如遇多层建筑物，各楼层的建筑面积或砌体砂浆标号不同时，均可分层计算。

3）补加计算法

即在同一分项工程中，遇到局部外形尺寸或结构不同时，为便于利用基数进行计算，可先将其看作相同条件计算，然后再加上多出部分的工程量。如基础深度不同的内外墙基础、宽度不同的散水等工程。

4）补减计算法

与补加计算法相似，只是在原计算结果上减去局部不同部分工程量。如在楼地面工程中，各层楼面除每层盥厕间为水磨石面层外，其余均为水泥砂浆面层，则可先按各楼层均为水泥砂浆面层计算，然后补减盥厕间的水磨石地面工程量。

五、计算工程量的技巧

（1）将计算规则用数学语言表达成计算式，然后再按计算公式的要求从图纸上获取数据代入计算，数据的量纲要更换算成与定额计量单位一致，不要将图纸上的尺寸单位代入，以免在换算时搞错。

（2）采用表格法计算，其顺序及项目编码与所列子项一致，这可避免错漏项，也便于检查复核。

（3）采用、推广计算机软件计算工程量，可使工程量计算既快又准，减少手工操作，提高工作效率。

运用以上方法计算工程量，应结合工程大小，复杂程度，以及个人经验，灵活掌握综合运用，以使计算全面、快速、准确。

六、工程量计算注意事项

（一）严格按计算规则的规定进行计算

工程量计算必须与工程量计算规则（或计算方法）一致，才符合要求，"建筑工程工程量清单项目及计算规则"中，对各分项工程的工程量计算规则和计算方法都作了具体规定，计算时必须严格按规定执行。例如，平整场地：按设计图示尺寸以建筑物首层面积计算。

（二）工程量计算所用原始数据（尺寸）的取定必须以施工图纸（尺寸）为准

工程量是按每一分项工程、根据设计图纸进行计算的，计算时所采用的原始数据都必须以施工图纸所表示的尺寸或施工图纸能读出的尺寸为准进行计算，不得任意加大或缩小各部位尺寸。在建筑工程工程量计算中，较多的使用净尺寸，不得直接按图纸轴线尺寸，更不得按外包尺寸取代之，以免增大工程量，一般来说，净尺寸要按图纸尺寸经简单计算取定。

（三）计算单位必须与规定的计量单位一致

计算工程量时，所算各工程子项的工程量单位必须与附录中相应项目的单位相一致。例如，"计价规范"中门窗分项的计量单位以'樘'或"m²"作单位，所计算的工程量也务必以'樘'或"m²"做单位。

在"计价规范"附录中，主要计量单位采用以下规定：

（1）以面积计算的为平方米（m²）；

（2）以长度计算的为米（m）；

（3）以重量计算的为吨或千克（t或kg）；

（4）以件（个或组）计算的为件（个或组）。

（四）工程量计算的准确度

工程量计算数字要准确，有效位数应遵守下列规定：

（1）以立方米（m³）、平方米（m²）及米（m）为单位者，应保留小数点后两位数字，第三位按四舍五入；

（2）以吨（t）为单位的，应保留小数点后三位数字，第四为按四舍五入；

（3）以"个"、"根（套）"等为单位，应取整数。

（五）分项工程各项目标明内容

各分项工程应标明各项目名称、项目编码、项目特征及相应的工程内容，以便于检查审核。

（六）看图时注意事项

（1）熟悉房屋的开间、进深、跨度、层高、总高等；

（2）弄清建筑物各层平面和层高是否有变化，室内外高差；

（3）图纸上有门窗表、混凝土构件表和钢筋下料长度表时，应抽样校核；

（4）了解屋面防水作法；

（5）大致了解内墙面、楼地面、天棚和外墙面的装饰作法；

（6）无需仔细阅读大样详图，因为在计算工程量时仍然还要看图；

（7）图中若有建筑面积时，必须校核，不能直接取用。

课后讨论

1. 工程量计算的依据有哪些？

2. 统筹法计算工程量的基本原理。

3. 工程量计算注意事项。

练习题

1. 谈谈工程量的含义。
2. 谈谈工程量计算的原则。
3. 谈谈工程量计算的顺序。
4. 谈谈统筹法计算工程量的基本要点。

单元五　工程量清单计价文件的编制

学习目标

熟悉工程量清单计价编制一般规定；掌握分部分项工程量清单计价表的编制、措施项目清单计价表的编制、其他项目清单计价表的编制、规费、税金清单计价表的编制以及计价汇总表、总说明、封面的填写。

关键概念

分部分项工程量清单计价、措施项目清单计价、其他项目清单计价、规费、税金清单计价。

工程量清单计价编制一般规定：

（1）采用工程量清单计价，建筑工程造价由分部分项工程费、措施项目费、其他项目费、规费和税金组成。

（2）分部分项工程量清单应采用综合单价计价。

"综合单价"是相对于工程量清单计价而言，对完成一个规定计量单位的分部分项工程量清单项目或措施清单项目所需的人工费、材料费、施工机械使用费、企业管理费、利润以及包含一定范围风险因素的价格表示。

1）使用的计价标准、计价政策应是国家或省级、行业建设主管部门颁布的计价定额和相关政策规定；

2）采用的材料价格应是工程造价管理机构通过工程造价信息发布的材料单价，工程造价信息未发布材料单价的材料，其材料价格应通过市场调查确定。

（3）工程量清单标明的工程量是清单计价的基础。

（4）措施项目清单计价应根据拟建工程的施工组织设计，可以计算工程量的措施项目，应按分部分项工程量清单的方式采用综合单价计价；其余的措施项目可以"项"为单位的方式计价，应包括除规费、税金外的全部费用。

（5）措施项目清单中的安全文明施工费应按照国家或省级、行业建设主管部门的规定计价，不得作为竞争性费用。

（6）其他项目清单应根据工程特点和规范的规定计价。

（7）工程量清单中提供了暂估价的材料和专业工程属于依法必须招标的，由承包人和招标人共同通过招标确定材料单价与专业工程分包价。

若材料不属于依法必须招标的，经发、承包双方协商确认单价后计价。

若专业工程不属于依法必须招标的，由发包人、总承包人与分包人按有关计价依据进行计价。

（8）规费和税金应按国家或省级、行业建设主管部门的规定计算。

一、分部分项工程量清单计价表的编制

（一）投标人对分部分项工程费中的综合单价的确定依据和原则

（1）工程量的确定，依据分部分项工程量清单中的工程量；

（2）综合单价的组成内容应符合规范的规定；

（3）招标文件中提供了暂估单价的材料，应按暂估的单价计入综合单价。

（4）综合单价中应考虑招标文件中要求投标人承担的风险内容及其范围（幅度）产生的风险费用。在施工过程中，当出现的风险内容及其范围（幅度）在合同约定的范围内时，工程价款不做调整。

实行工程量清单招标，招标人在招标文件中提供工程量清单，其目的是使各投标人在投标报价中具有共同的竞争平台。因此要求投标人在投标报价中填写的工程量清单的项目编码、项目名称、项目特征、计量单位、工程数量必须与招标人招标文件中提供的一致。

（二）综合单价的组价

分部分项工程费综合单价的组成内容，按分部分项工程量清单项目的特征描述确定综合单价。

综合单价中应考虑招标文件中要求投标人承担的风险费用。

招标文件中提供了暂估单价的材料，按暂估的单价计入综合单价。

招标人应在招标文件中或在签订合同时，载明投标人应该考虑的风险内容及其风险范围或风险幅度。

风险是一种客观存在的、会带来损失的、不确定的状态。它具有客观性、损失性、不确定性的特点，并且风险始终是与损失相联系的。工程施工发包是一种期货交易行为，工程建设本身又具有单件性和建设周期长的特点。在工程施工过程中影响工程施工及工程造价的风险因素很多，但并非所有的风险都是承包人能预测、能控制和应承担其造成损失的。基于市场交易的公平性和工程施工过程中发、承包双方权、责的对等性要求，发、承包双方应合理分摊风险，所以要求招标人在招标文件中或在合

同中禁止采用无限风险、所有风险或类似语句规定投标人应承担的风险内容及其风险
范围或风险幅度。

（三）工程量清单计价表的编制示例（见表 2-1、表 2-2）

分部分项工程量清单与计价表　　　　　　　　　　　　　　　　　　**表 2-1**

工程名称：建筑学院教师住宅工程　　　　标段：　　　　　　　　第 1 页　共 3 页

序号	项目编码	项目名称	项目特征描述	计量单位	工程量	金额（元）		
						综合单价	合价	其中：暂估价
			A.1 土（石）方工程					
1	010101001001	平整场地	Ⅱ、Ⅲ类土综合，土方就地挖填找平	m²	1792	0.88	1577	
2	010101003001	挖基础土方	Ⅲ类土，条形基础，垫层底宽 2m，挖土深度 4m 以内，弃土运距为 7Km	m³	1432	21.92	31389	
			（其他略）					
			分部小计				99757	
			A.2 桩与地基基础工程					
3	010201003001	混凝土灌注桩	人工挖孔，二级土，桩长 10m，有护壁段长 9m，共 42 根，桩直径 1000mm，扩大头直径 1100mm，桩混凝土为 C25，护壁混凝土为 C20	m	420	322.06	135265	
			（其他略）					
			分部小计				397283	
			本页小计				497040	
			合计				497040	

工程名称：建筑学院教师住宅工程　　　标段：　　　　　　　　　第2页　共3页

序号	项目编码	项目名称	项目特征描述	计量单位	工程量	金额（元）		
						综合单价	合价	其中：暂估价
			A.3 砌筑工程					
4	010301001001	砖基础	M10 水泥砂浆砌条形基础，深度 2.8～4m，MU15 页岩砖 240×115×53mm	m³	239	290.46	69420	
5	010302001001	实心砖墙	M7.5 混合砂浆砌实心墙，MU15 页岩砖 240×115×53mm，墙体厚度 240mm	m³	2037	304.43	620124	
			（其他略）					
			分部小计				729518	
			A.4 混凝土及钢筋混凝土工程					
6	010403001001	基础梁	C30 混凝土基础梁，梁底标高 −1.55m，梁截面 300×600mm，250×500mm	m³	208	356.14	74077	
7	010416001001	现浇混凝土钢筋	螺纹钢 Q235，ϕ14	t	58	5857.16	574002	490000
			（其他略）					
			分部小计				2532419	
			本页小计				3261937	1000000
			合计				3758977	1000000

工程名称：建筑学院教师住宅工程　　　标段：　　　　　　　　第 3 页　共 3 页

序号	项目编码	项目名称	项目特征描述	计量单位	工程量	金额（元）		
						综合单价	合价	其中：暂估价
			A.6 金属结构工程					
8	010606008001	钢爬梯	U 型钢爬梯，型钢品种、规格详× ×图，油漆为红丹一遍，调合漆二遍	t	0.258	6951.71	1794	
			分部小计				1794	
			A.7 屋面及防水工程					
9	010702003001	屋面刚性防水	C20 细石混凝土，厚 40mm，建筑油膏嵌缝	m²	1853	21.43	39710	
			（其他略）					
			分部小计				150994	
			A.8 防腐、隔热、保温工程					
10	010803001001	保温隔热屋面	沥青珍珠岩块 500 ×500×150mm，1： 3 水泥砂浆护面， 厚 25mm	m²	1853	53.81	99710	
			（其他略）					
			分部小计				133226	
			本页小计				286014	
			合计				4044991	1000000

工程量清单综合单价分析表 表 2-2

工程名称：建筑学院教师住宅工程　　　　标段：　　　　　　　第 1 页　共 1 页

项目编码	010416001001		项目名称	现浇构件钢筋		计量单位		t

清单综合单价组成明细

定额编号	定额名称	定额单位	数量	单价				合价			
				人工费	材料费	机械费	管理费和利润	人工费	材料费	机械费	管理费和利润
AD0899	现浇螺纹钢筋制作安装	t	1.000	294.75	5397.7	62.42	102.29	294.75	5397.7	62.42	102.29
人工单价			小计					294.75	5397.7	62.42	102.29
38 元/工日			未计价材料费					0			
清单项目综合单价								4.56			

材料费明细	主要材料名称、规格、型号	单位	数量	单价（元）	合价（元）	暂估单价（元）	暂估合价（元）
	螺纹钢筋 Q235，φ14	t	1.07			5000.00	5350.00
	焊条	kg	0.64	4.00	34.56		
	其他材料费			—	13.14	—	
	材料费小计			—	47.70	—	5350.00

二、措施项目清单计价表的编制

规定可以计算工程量的措施项目宜采用分部分项工程量清单的方式编制，与之相对。应采用综合单价计价，以"项"为计量单位的，按项计价，但应包括除规费、税金以外的全部费用。

（一）措施项目清单计价包括的内容

措施项目的内容应依据招标人提供的措施项目清单和投标人投标时拟定的施工组织设计或施工方案。

（二）措施项目清单计价的方式

措施项目费的计价方式应根据招标文件的规定，可以计算工程量的措施清单项目采用综合单价方式报价，其余的措施清单项目采用以"项"为计量单位的方式报价；应包括除规费、税金外的全部费用。

由于各投标人拥有的施工装备、技术水平和采用的施工方法有所差异，招标人提出的措施项目清单是根据一般情况确定的，没有考虑不同投标人的"个性"，投标人投标时应根据自身编制的施工组织设计或方案确定措施项目，对招标人提供的措施项目进行调整。投标人根据自己的投标施工组织设计或施工方案调整和确定的措施项目应通过评标委员会的评审。

措施项目费由投标人自主报价，但其中安全文明施工费应根据《中华人民共和国安全生产法》、《中华人民共和国建筑法》、《建设工程安全生产管理条例》、《安全生产许可证条例》等法律、法规的规定，建设部办公厅印发了《建筑工程安全防护、文明施工措施费及使用管理规定》（建办［2005］89 号）的规定确定。招标人不得要求投标人对该项费用进行优惠，投标人也不得将该项费用参与市场竞争，不得作为竞争性费用。

（三）措施项目清单编制示例（见表 2-3、表 2-4）

措施项目清单与计价表（一）　　　　　　表 2-3

工程名称：建筑学院教师住宅工程　　　标段：　　　　　第 1 页　共 1 页

序号	项目名称	计算基础	费率（％）	金额（元）
1	现场安全文明施工费			149665
1.1	基本费	分部分项工程费	2.2	88990
1.2	考评费	分部分项工程费	1.1	44495
1.3	奖励费	分部分项工程费	0.4	16180
2	冬雨期施工	分部分项工程费	0.2	8090
3	已完工程及设备保护	分部分项工程费	0.05	2022
4	临时设施	分部分项工程费	2.2	88990
5	材料与设备检验试验	分部分项工程费	2	80900
	合　计			329667

措施项目清单与计价表（二）　　　　　　表 2-4

工程名称：建筑学院教师住宅工程　　　标段：　　　　　第 1 页　共 1 页

序号	项目名称	金额（元）
1	大型机械设备进出场及安拆费	15000
2	施工排水	3000
3	施工降水	8475
4	垂直运输机械	110000
5	脚手架	1550000
6	模板	209886
	合　计	501361

三、其他项目清单计价表的编制

（一）其他项目清单计价包括的内容

其他项目清单应根据工程特点和下列规定报价：

（1）暂列金额应按招标人在其他项目清单中列出的金额填写；

按照《工程建设项目货物招标投标办法》（国家发改委、建设部等七部委 27 号令）第五条规定："以暂估价形式包括在总承包范围内的货物达到国家规定规模标准的，应当由总承包中标人和工程建设项目招标人共同依法组织招标"的规定设置。

上述规定同样适用于以暂估价形式出现的专业分包工程。

对未达到法律、法规规定招标规模标准的材料和专业工程，需要约定定价的程序和方法，并与材料样品报批程序相互衔接。

（2）材料暂估价应按招标人在其他项目清单中列出的单价计入综合单价；专业工程暂估价应按招标人在其他项目清单中列出的金额填写；

招标人在工程量清单中提供了暂估价的材料和专业工程属于依法必须招标的，由承包人和招标人共同通过招标确定材料单价与专业工程分包价。

若材料不属于依法必须招标的，经发、承包双方协商确认单价后计价。

若专业工程不属于依法必须招标的，由发包人、总承包人与分包人按有关计价依据进行计价。

（3）计日工按招标人在其他项目清单中列出的项目和数量，自主确定综合单价并计算计日工费用；

（4）总承包服务费根据招标文件中列出的内容和提出的要求自主确定。

（二）其他项目清单计价的计算

（1）暂列金额。暂列金额由招标人根据工程特点，按有关计价规定进行估算确定，一般可以分部分项工程量清单费的 10%～15% 为参考；

（2）暂估价。暂估价中的材料单价应按照工程造价管理机构发布的工程造价信息或参考市场价格确定；暂估价中的专业工程暂估价应分不同专业，按有关计价规定估算；

（3）计日工。招标人应根据工程特点，按照列出的计日工项目和有关计价依据计算；

（4）总承包服务费。招标人应根据招标文件中列出的内容和向总承包人提出的要求，参照下列标准计算：

1）招标人仅要求对分包的专业工程进行总承包管理和协调时，按分包的专业工程估算造价的 1.5% 计算；

2）招标人要求对分包的专业工程进行总承包管理和协调，并同时要求提供配合服务时，根据招标文件中列出的配合服务内容和提出的要求，按分包的专业工程估算造价的 3%～5% 计算；

3）招标人自行供应材料的，按招标人供应材料价值的 1% 计算。

（三）编制示例（见表 2-5～表 2-10）

其他项目清单与计价汇总表

表 2-5

工程名称：建筑学院教师住宅工程　　　标段：　　　　　第 1 页　共 1 页

序号	项目名称	计量单位	金额（元）	备　注
1	暂列金额	项	300000	明细详见表 2-6
2	暂估价		100000	
2.1	材料暂估价		—	明细详见表 2-7
2.2	专业工程暂估价	项	100000	明细详见表 2-8
3	计日工		21600	明细详见表 2-9
4	总承包服务费		12000	明细详见表 2-10

暂列金额明细表　　　　　　　　　　　　　　表 2-6

工程名称：建筑学院教师住宅工程　　　　标段：　　　　　　第 1 页 共 1 页

序号	项目名称	计量单位	暂定金额（元）	备注
1	工程量清单中工程量偏差和设计变更	项	100000	
2	政策性调整和材料价格风险	项	100000	
3	其他	项	100000	
	合计		300000	—

材料暂估单价表　　　　　　　　　　　　　表 2-7

工程名称：建筑学院教师住宅工程　　　　标段：　　　　　　第 1 页 共 1 页

序号	材料名称、规格、型号	计量单位	单价（元）	备　注
1	钢筋（规格、型号综合）	t	5000	用在所有现浇混凝土钢筋清单项目

专业工程暂估价表　　　　　　　　　　　　表 2-8

工程名称：建筑学院教师住宅工程　　　　标段：　　　　　　第 1 页 共 1 页

序号	工程名称	工程内容	金额（元）	备注
1	入户防盗门	安装	100000	
	合计		100000	—

计 日 工 表　　　　　　　　　　　　　　表 2-9

工程名称：建筑学院教师住宅工程　　　　标段：　　　　　　第 1 页 共 1 页

编号	项目名称	单位	暂定数量	综合单价	合价
一	人工				
1	普工	工日	200	40	8000
2	技工（综合）	工日	50	60	3000
	人工小计				11000
二	材料				
1	钢筋（规格、型号综合）	t	1	5300	5300
2	水泥（42.5）	t	2	600	1200
3	中砂	m³	10	80	800
4	砾石（5mm～40mm）	m³	5	42	210
5	页岩砖（240×115×53mm）	千匹	1	300	300
	材料小计				7810
三	施工机械				
1	自升式塔式起重机（起重力矩 1250kN·m）	台班	5	550	2750
2	灰浆搅拌机（400L）	台班	2	20	40
	施工机械小计				2790
	总计				21600

总承包服务费计价表   表 2-10

工程名称：建筑学院教师住宅工程　　　标段：　　　　　　　第 1 页　共 1 页

序号	项目名称	项目价值（元）	服务内容	费率（%）	金额（元）
1	发包人发包专业工程	100000	1. 按专业工程承包人的要求提供施工工作面并对施工现场进行统一管理，对竣工资料进行统一整理汇总 2. 为专业工程承包人提供垂直运输机械和焊接电源接入点，并承担垂直运输费和电费 3. 为防盗门安装后进行补缝和找平并承担相应费用	7	7000
2	发包人供应材料	1000000	对发包人供应的材料进行验收及保管和使用发放	0.5	5000
合计					12000

四、规费、税金清单计价表的编制

（一）规费和税金的计取原则

规费和税金应按国家或省级、行业建设主管部门依据国家税法及省级政府或省级有关权力部门的规定确定，在工程计价时应按规定计算，不得作为竞争性费用。

规费和税金的计取标准是依据有关法律、法规和政策规定制定的，具有强制性。投标人是法律、法规和政策的执行者，他不能改变，更不能制定，而必须按照法律、法规、政策的有关规定执行。因此，投标人在投标报价时必须按照国家或省级、行业建设主管部门的有关规定计算规费和税金。

（二）编制示例（见表 2-11）

规费、税金项目清单与计价表   表 2-11

工程名称：建筑学院教师住宅工程　　　标段：　　　　　　　第 1 页　共 1 页

序号	项目名称	计算基础	费率（%）	金额（元）
1	规费			195925
1.1	工程排污费			
1.2	安全生产监督费	分部分项工程费＋措施项目费＋其他项目费	0.19	10088
1.3	社会保障费	分部分项工程费＋措施项目费＋其他项目费	3	159289
1.4	住房公积金	分部分项工程费＋措施项目费＋其他项目费	0.5	26548
2	税金	分部分项工程费＋措施项目费＋其他项目费＋规费	3.33	183335
合计				379260

五、计价汇总表填写

（一）计价汇总表包括内容

包括：分部分项清单费、措施项目清单费、其他项目清单费和规费、税金清单费。

分部分项清单费、措施项目清单费、其他项目清单费和规费、税金清单费的合计金额与计价表中的一致。

（二）投标人投标报价应遵循的依据

投标报价最基本的特征是投标人自主报价，它是市场竞争形成价格的体现。

投标人在投标报价时，不能进行投标总价优惠（或降价、让利），投标人对招标人的任何优惠（或降价、让利）均应反映在相应清单项目的综合单价中。

要求：（1）投标报价由投标人自主确定，但《建设工程工程量清单计价规范》强制性规定（第4.1.5条、4.1.8条）必须执行。

（2）《中华人民共和国反不正当竞争法》第十一条规定："经营者不得以排挤竞争对手为目的，以低于成本的价格销售商品。"《中华人民共和国招标投标法》第四十一条规定"中标人的投标应当符合下列条件……（二）能够满足招标文件的实质性要求，并且经评审的投标价格最低；但是投标价格低于成本的除外。"《评标委员会和评标方法暂行规定》（国家计委等七部委第12号令）第二十一条规定："在评标过程中，评标委员会发现投标人的报价明显低于其他投标报价或者在设有标底时明显低于标底的，使得其投标报价可能低于其个别成本的，应当要求该投标人作出书面说明并提供相关证明材料。投标人不能合理说明或者不能提供相关证明材料的，由评标委员会认定该投标人以低于成本报价竞标，其投标应作废标处理。"根据上述法律、规章的规定，本规范规定投标人的投标报价不得低于成本。

（三）编制示例（见表2-12）

单位工程投标报价汇总表　　　　　　　　　　　　表 2-12

工程名称：建筑学院教师住宅工程　　　标段：　　　　　　第 1 页　共 1 页

序号	汇总内容	金额（元）	其中：暂估价（元）
1	分部分项工程	4044991	1000000
1.1	A.1 土（石）方工程	99757	
1.2	A.2 桩与地基基础工程	397283	
1.3	A.3 砌筑工程	729518	
1.4	A.4 混凝土及钢筋混凝土工程	150994	1000000
1.5	A.6 金属结构工程	1794	
1.6	A.7 屋面及防水工程	251838	
1.7	A.8 防腐、隔热、保温工程	133226	
2	措施项目	831028	—
2.1	安全文明施工费	149665	—
3	其他项目	433600	—
3.1	暂定金额	300000	—
3.2	专业工程暂估价	100000	—
3.3	计日工	21600	—
3.4	总承包服务费	12000	—
4	规费	195925	—
5	税金	183335	—
	投标报价合计＝1＋2＋3＋4＋5	5688879	1000000

六、总说明的填写

（一）填写内容

（1）工程概况：建设规模、工程特征、计划工期、合同工期、实际工期、施工现场及变化情况、施工组织设计的特点、自然地理条件、环境保护要求等。

（2）编制依据等。

（二）编制示例（见表2-13）

总 说 明

表 2-13

工程名称：建筑学院教师住宅工程   第1页 共1页

---

1. 工程概况：本工程为砖混结构，混凝土灌注桩基，建筑层数为六层，建筑面积为10940m²，招标计划工期为300日历天，投标工期为280日历天。

2. 投标报价包括范围：为本次招标的住宅工程施工图范围内的建筑工程。

3. 投标报价编制依据

（1）招标文件及其所提供的工程量清单和有关报价的要求，招标文件的补充通知和答疑纪要。

（2）住宅楼施工图及投标施工组织设计。

（3）有关的技术标准、规范和安全管理管理规定等。

（4）省建设主管部门颁发的计价定额和计价管理办法及相关计价文件。

（5）材料价格根据本公司掌握的价格情况并参照工程所在地工程造价管理机构×××年×月工程造价信息发布的价格。

七、封面的填写

（一）填写内容

封面应按规定的内容填写、签字、盖章，除承包人自行编制的投标报价外，受委托编制的投标报价为造价员编制的，应有负责审核的造价工程师签字、盖章以及工程造价咨询人盖章。

我国在工程造价计价活动中，对从业人员实行的是执业资格管理制度，对工程造价咨询人实行的是资质许可管理制度。建设部先后发布了《工程造价咨询企业管理办法》（建设部令第149号）、《注册造价工程师管理办法》（建设部令第150号），中国建设工程造价管理协会引发了《全国建设工程造价员管理暂行办法》（中价协〔2006〕013号）。

工程造价文件是体现上述规章、规定的主要载体，工程造价文件封面的签字盖章应按下列规定办理，方能生效。

（1）招标人自行编制工程量清单和招标控制价时，编制人员必须是在招标人单位注册的造价人员。

（2）由招标人盖单位公章，法定代表人或其授权人签字或盖章；当编制人是注册造价工程师时，由其签字盖执业专用章；当编制人是造价员时，由其在编制人栏签字盖专用章，并应由注册造价工程师复核，在复核人栏签字盖执业专用章。

招标人委托工程造价咨询人编制工程量清单和招标控制价时，编制人员必须是在工程造价咨询人单位注册的造价人员。工程造价咨询人盖单位资质专用章，法定代表人或其授权人签字或盖章；当编制人是注册造价工程师时，由其签字盖执业专用章；当编制人是造价员时，由其在编制人栏签字盖专用章，并应由注册造价工程师复核，在复核人栏签字盖执业专用章。

（3）投标人编制投标报价时，编制人员必须是在投标人单位注册的造价人员。由投标人盖单位公章，法定代表人或其授权人签字或盖章；编制的造价人员（造价工程师或造价员）签字盖执业专用章。

特别强调在封面的有关签署和盖章中应遵守和满足有关工程造价计价管理规章和政策的规定。这是工程造价文件是否生效的必备条件。

（二）编制示例（见表 2-14）

投 标 总 价   表 2-14

招 标 人： 建筑学院

工 程 名 称： 建筑学院教师住宅工程

投 标 总 价(小写)： 5688879 元

       （大写）： 伍佰陆拾捌万捌仟捌百柒拾玖元

投 标 人：
    ×× 建筑公司
    单位公章
    （单位盖章）

法定代表人

或其授权人：
    ×× 建筑公司
    法定代表人
    （签字或盖章）
    ××× 签字

编 制 人：
    盖造价工程师
    或造价员章
    （造价人员签字盖专用章）

编 制 时 间： 2010 年 7 月 25 日

八、其他注意事项

（1）工程量清单与计价表中列明的所有需要填写的单价和合价，投标人均应填写，未填写单价和合价，视为此项费用已包含在工程量清单的其他单价和合价中。

（2）投标人应按照招标文件的要求，附工程量清单综合单价分析表。

课后讨论

工程量清单计价中注意事项有哪些？

练习题

1. 谈谈分部分项工程费中的综合单价的确定依据和原则。
2. 谈谈措施项目清单计价的方式。
3. 谈谈其他项目清单报价的根据。

4. 总说明如何填写?

单元六　工程量清单计价文件编制实训

一、单项实训

任务一：编制分部分项工程量清单计价表；

任务二：编制措施项目清单计价表；

任务三：编制其他项目清单计价表、编制规费、税金计价表等。

二、综合实训

任务：分组编制徐州建筑学院家属区围合工程 1 号、2 号、3 号传达室工程量清单计价文件。

（一）综合实训步骤

（1）针对工程量清单进行组价：计算出相应的工程量，并进行组价，计算出清单的综合单价。

（2）编制分部分项工程量清单计价表。

（3）编制措施项目清单计价表。

（4）编制其他项目清单计价表。

（5）编制规费、税金项目清单计价表。

（6）编制计价汇总表。

（7）复核。

（8）填写总说明。

（9）填写封面，装订。

（二）任务描述

根据以下资料分组编制建筑工程工程量清单计价文件

（1）建筑学院家属区围合工程 1 号、2 号、3 号传达室施工图纸。

（2）《建设工程工程量清单计价规范》（GB 50500—2008）。

（3）《江苏省建筑与装饰工程计价表》（2004）。

（4）《江苏省建设工程费用定额》（2009）。

（5）省市有关文件。

（6）其他相关资料。

施工组织设计相应内容

（1）多余土方双轮车运，200 米处堆放。

（2）外架用双排架。

（3）模板用组合钢模板。

其他相应说明

（1）措施项目费：现场安全文明施工措施费中奖励费按市级文明工地；发生的其他的措施项目费率取中间值。

（2）计日工：每工日 41 元。

（3）施工图纸见附录六。

小结

项目二从 6 个单元进行介绍，具体内容如下：

1. 工程量清单计价的概念、编制依据、内容、格式、步骤，这是编制工程量清单计价的基础。

2.《全国统一建筑工程基础定额》、《江苏省建筑与装饰工程计价表》，这是编制工程量清单计价的准备。

3. 工程量的计算，这是编制工程量清单计价的准备。

4. 重点介绍建筑面积的计算。单方造价是一个很重要的经济指标，建筑面积计算还有多种用途。

5. 重点介绍工程量清单计价文件的编制。从分部分项清单计价表的编制；措施项目清单计价表的编制、其他项目清单计价表的编制；规费、税金清单计价表的编制以及计价汇总表、总说明、封面的填写等方面分别予以介绍。每一部分都有相应的示例。

6. 工程量清单计价文件编制的综合实训，系统并加强所学知识，将知识运用到工程实践中去。

工程量清单结算文件的编制

引　言

本项目主要介绍清单结算文件的编制。

学习目标

通过本项目学习，你将能够：编制建筑工程结算文件。

单元一 概述

学习目标

了解建筑工程结算的含义、作用。熟悉建筑工程结算分类。

关键概念

建筑工程结算

一、建筑工程结算的含义

建筑工程结算，即建筑工程价款结算，是指建筑施工企业按照合同的规定，向建设单位办理已完成建筑工程价款清算的经济文件。

二、建筑工程结算的作用

由于存在建筑工程结算调整的客观必然性，通过建设主管部门和金融机构对报批的建筑工程计价进行开工前的审查和工程后期的结算审查与调整，能够进一步规范建筑市场价格行为，重新调配和改正原计价文件中不合理的内容，达到维护承、发包双方合法权益、加强建筑资金管理的目的。因此，建筑工程结算的作用是显而易见的，其具体表现为：

（1）加强建筑资金管理。建筑工程的施工过程中，建设单位应根据施工企业所完成的工作量，支付工程价款，在工程价款支付中必须依据工程价款结算来进行。

（2）为维护承发包双方合法权益提供基础。建筑工程施工中施工企业所取得收入或建设单位必须的支付，涉及建设单位和施工单位的切身利益。不同阶段或时期，建设单位所支付的费用必须根据施工单位所完成的工作是否通过编制工程结算来加以确定。

（3）合理确定建筑工程实际造价。建筑工程计价是按照有关规定计算的计价造价，而这一价格仅仅是一种预测价格，工程在实际施工中会千变万化。因此，也会造成工程造价发生变化，而工程竣工后的实际工程造价到底是多少，这就必须在工程竣工后，根据工程实际情况，通过编制建筑工程竣工结算来计算。

三、建筑工程结算分类

由于建筑工程产品具有价值大、生产周期长的特点，施工企业在整个施工过程中需投入大量的人力和物力。为了保证建筑工程产品的顺利建造，建设单位需要对施工企业的人力和物力消耗进行定期的补偿。也就是施工企业要定期向建设单位清算已完工程价款。施工企业在不同时期向建设单位清算已完工程价款的经济文件可分为工程价款结算、年终结算和竣工结算三种。

1. 工程价款结算

由于施工企业流动资金有限和建筑工程产品的生产特点，一般都不是等到工程全部竣工后才结算工程价款。为了及时反映工程进度和施工企业的经营成果，使施工企业在施工过程中消耗的流动资金能及时得到补偿，目前一般对工程价款都实行中间结算的办法。因此，工程价款结算也叫工程中间结算，即为了及时体现施工企业的经营成果和补偿其在施工过程中的消耗，在工程施工的中间时间，向建设单位办理已完成工程价款清算的经济文件。主要包括工程预付备料款结算和工程进度款结算。

(1) 工程备料款结算

按照我国现行的规定，为了保证建筑工程施工的顺利进行，建筑工程施工所需的备料周转金应由建设单位按照建筑施工合同在工程开工前向施工单位提供。然后再分期按建筑工作量完成进度情况，将预付备料款陆续抵充工程款。即使是使用金融机构贷款或拨款时，仍要向施工单位提供一定数量的备料款。

(2) 工程进度款结算

是指建筑施工企业按照合同的规定，按工程进度，向建设单位办理已完成建筑工程价款的经济文件。

2. 年终结算

是指一项工程在本年度不能竣工而需跨入下年度继续施工，为了正确反映施工企业本年度的经营成果，由施工企业会同建设单位对在建工程的已完工程量进行盘点，以结清本年度内的工程价款的经济文件。

3. 竣工结算

是指单位工程竣工后，施工单位根据施工实施过程中实际发生的变更情况，对原施工图预算工程造价或工程承包价进行调整、修正、重新确定工程造价的经济文件。

课后讨论

1. 竣工结算与竣工决算有什么关系？
2. 建筑工程竣工结算编制的依据。

练习题

谈谈建筑工程结算的含义及分类。

单元二 建筑工程价款的结算

了解工程预付款的含义、工程价款结算的有关规定。熟悉预付备料款的拨付计算、工程进度款结算的计算。

工程预付款

一、工程预付款的含义

施工企业承包工程，一般都实行包工包料，需要有一定数量的备料周转金，我国目前是由建设单位在开工前拨给施工企业一定数额的预付款（预付备料款），构成施工企业为该承包工程项目储备和准备主要材料、结构件所需要的流动资金。

发包人应按照合同约定支付工程预付款。支付的工程预付款，按照合同约定在工程进度款中抵扣。

预付款的支付和抵扣原则

发包人应按合同约定的时间和比例（或金额）向承包人支付工程预付款。当合同对工程预付款的支付没有约定时，按照财政部、建设部印发的《建设工程价款结算暂行办法》（财建 [2004] 369 号）的规定办理：

（1）工程预付款的额度：包工包料的工程原则上预付比例不低于合同金额（扣除暂列金额）的 10%，不高于合同金额（扣除暂列金额）的 30%；对重大工程项目，按年度工程计划逐年预付。实行工程量清单计价的工程，实体性消耗和非实体性消耗部分应在合同中分别约定预付款比例（或金额）。

（2）工程预付款的支付时间：在具备施工条件的前提下，发包人应在双方签订合同后的一个月内或约定的开工日期前的 7 天内预付工程款。

若发包人未按合同约定预付工程款，承包人应在预付时间到期后 10 天内向发包人发出要求预付的通知，发包人收到通知后仍不按要求预付，承包人可在发出通知 14 天后停止施工，发包人应从约定应付之日起按同期银行贷款利率计算向承包人支付应付预付款的利息，并承担违约责任。

(3) 凡是没有签订合同或不具备施工条件的工程，发包人不得预付工程款，不得以预付款为名转移资金。

二、预付备料款的拨付计算

(一) 工程备料款的收取

施工企业向建设单位收取的工程备料款是用于准备某一时段施工中所需的材料，而这一时段就是所使用材料储备时间，材料储备时间与当地材料供应情况有关。

预收备料款数额＝每天使用主要材料费×材料储备天数

每天使用主要材料费＝(工程合同价款×主要材料比重)/工程计划工期

因此，预收备料款数额可由下式进行计算：

预收备料款数额＝{(工程合同价款×主要材料比重)/工程计划工期}×材料储备天数，采用上式确定备料款数额比较困难，因此，实际工作中引入工程备料款额度，即

工程备料款额度＝(主要材料比重×材料储备天数)/工程计划工期

而上式中的工程备料款额度，通常在施工合同中规定一个百分数，由此，可以比较简便的计算工程备料款数额。即：

工程备料款数额＝工程合同价款×工程备料款额度

在实际工作中，备料款的数额，要根据工作类型、合同工期、承包方式和供应方式等不同条件而定。一般不应超过当年工作量或合同价款的30%。工程施工合同中应当明确预付备料款的数额。

【例 3-1】 某建筑施工企业承包某项建筑工程，合同造价为300万元，工程施工承包合同中规定，工程备料款额度为28%。则：

工程备料款数额＝300×28%＝84万元

(二) 预付备料款的扣回

建设单位拨付给施工企业的备料款，应根据周转情况陆续抵充工程款。备料款属于预付性质，在工程后期应随工程所需材料储备逐渐减少，以抵充工程价款的方式陆续扣还。具体如何逐次扣还，应在施工合同中约定。常用扣还办法有三种：一是按照公式计算起扣点和抵扣额；二是按照当地规定协商确定抵扣备料款；三是工程最后一次抵扣备料款。

在实际工作中，有些工程工期较短 (例如在3个月以内)，就无需分期扣还；有些工程工期较长，如跨年度工程，其备料款的占用时间很长，根据需要可以少扣或不扣。在一般情况下，工程进度达到60%时，开始抵扣预付备料款。

(1) 从未完工程尚需的主要材料和构配件的价值相当于备料款数额时起扣

这种方法先计算出起扣点，完成工程的价款在起扣点均不需要扣备料款，超过起扣点后，于每次结算工程价款时，按材料比重扣抵工程价款，竣工前全部扣清。

起扣点计算公式推导如下：

未完成工程尚需主要材料总值＝未完成工程价值×主要材料比重

未完成工程坐价值＝预付款/主要材料比重

起扣点＝起扣时已完工程价值＝施工合同总值－未完工程价值

＝施工合同总值－预付款/主要材料比重

应扣还的预付备料款，按下列公式计算：

第一次扣抵额＝（累计已完工程价值－起扣点）×主要材料比重

以后每次扣抵额＝每次完成工程价值×主要材料比重

（2）协商确定扣还备料款

按公式计算确定起扣点和抵扣额，理论上较为合理，但手续较繁。实践中参照上述公式计算出起扣点，在施工合同中采用协商的起扣点和采用固定的比例扣还备料款办法，承发包双方共同遵守。例如，规定工程进度达到60%开始抵扣备料款，扣回的比例按每完成10%进度扣预付备料款总额的25%。

（3）工程最后一次抵扣备料款

该法适合于造价不高、工程简单、施工期短的工程。备料款在施工前一次拨付，施工过程中不作抵扣，当备料款加已付工程款达到合同价款的90%时，停付工程款。

工程备料款的抵扣：工程备料款是作为准备建筑材料的周转金，当工程进入某一阶段，不再需要备料周转时，施工企业就应该陆续退还工程备料款给建设单位，而建设单位用此部分费用来抵充应支付给施工企业的工程进度款，这就是工程备料款的抵扣。在工程全部竣工前，工程备料款应全部抵扣完。

工程备料款开始抵扣应以未完工程所需主要材料费刚好同工程备料款相等为原则，即：

工程备料款＝（工程合同价款－已完工程价款）×主要材料比重

备料款开始抵扣时工程进度＝1－工程备料款额度/主要材料比重

【例3-2】　某建筑施工企业承包某项建筑工程，合同造价为300万元，工程施工承包合同中规定，工程备料款额度为28%。假设主要材料费占合同造价的70%。则

工程备料款开始抵扣的工程进度＝1－28%/70%＝60%

即工程完成60%以后的工程进度支付中，要进行工程备料款的抵扣。

三、工程进度款结算的计算

工程进度款结算所得的金额，是用于补偿在某一时期施工企业所消耗的人力和物力。其结算金额的计算要以本期施工企业所完成的工程量的大小来进行，并且考虑工程备料款是否需要抵扣。因此，工程进度款结算可分为下列两种情况进行：

（1）未达到抵扣工程备料款情况下的工程进度款的结算：应收取的工程进度款＝∑（本期完成各分项工程量×相应单价）＋相应该收取的其他费用

（2）已达到抵扣工程备料款情况下的工程进度款的结算：应收取的工程进度款＝{∑（本期完成各分项工程量×相应单价）＋相应该收取的其他费用}×（1－主材比重）

【例3-3】　某建筑施工企业承包某项建筑工程，合同造价为300万元，工程施工承包合同中规定，工程备料款额度为28%。假设主要材料费占合同造价的70%。施

工企业在某月的工程进度从 55% 到 70%，此月完成合同造价的 15%。试计算此月施工企业应收取的工程进度款是多少？

解：由于该工程的工程备料款抵扣的工程进度为 60%，因此，当月的工程进度款计算应分为两种情况计算：

（1）不抵扣工程备料款（进度 55%～60%）

应收取进度款＝300×（60%－55%）＝15 万元

（2）应抵扣工程备料款（进度 60%～70%）应收取的进度款＝300×（70%－60%）×（1－70%）＝9 万元

当月施工企业应收取的工程进度款为 15＋9＝24 万元

故当月施工企业应向建设单位收取工程进度款为 24 万元

四、工程价款结算的有关规定

当发、承包双方在合同中未对工程量的计量时间、程序、方法和要求作出约定时，按以下规定办理：

（1）承包人应在每个月末或合同约定的工程段完成后向发包人递交上月或上一工程段已完工程量报告。

（2）发包人应在接到报告后 7 天内按施工图纸（含设计变更）核对已完工程量，并应在计量前 24 小时通知承包人。承包人应提供条件并按时参加。

（3）计量结果

1）如发、承包双方均同意计量结果，则双方应签字确认；

2）如承包人收到通知后不参加计量核对，则由发包人核实的计量作为是对工程量的正确计量；

3）如发包人未在规定的核对时间内进行计量核对，承包人提交的工程计量视为发包人已经认可；

4）如发包人未在规定的核对时间内通知承包人，致使承包人未能参加计量核对的，则视发包人所作的计量核实结果无效；

5）对于承包人超出施工图纸范围或因承包人原因造成返工的工程量，发包人不予计量；

6）如承包人不同意发包人核实的计量结果，承包人应在收到上述结果后 7 天内向发包人提出，申明承包人认为不正确的详细情况。发包人收到后，应在 2 天内重新核对有关工程量的计量，或予以确认，或将其修改。

发、承包双方认可的核对后的计量结果应作为支付工程进度款的依据。

当发、承包双方在合同中未对工程进度款支付中申请的核对时间以及工程进度款支付时间、支付比例作约定时，应按以下规定办理：（1）发包人应在收到承包人的工程进度款支付申请后 14 天内核对完毕。否则，从第 15 天起承包人递交的工程进度款支付申请视为被批准；（2）发包人应在批准工程进度款支付申请的 14 天内，向承包人按不低于计量工程价款的 60%，不高于计量工程价款的 90% 向承包人支付工程进度款；（3）发包人在支付工程进度款时，应按合同约定的时间、比例（或金额）扣回工程预付款。

课后讨论

工程价款结算的有关规定。

练习题

1. 什么是工程备料款?

2. 应用题：某施工企业承包的某建筑工程，合同造价 500 万元，合同规定工程备料款额度为 24%，经测算主要材料费占造价的 80%，完成工程进度为 65% 后的当月完成 80 万元的工作量，试计算此工程施工企业应收取的工程备料款及当月施工企业应收取的工程进度款和应抵扣的工程备料款各是多少?

单元三　建筑工程价款调整

学习目标

了解合同价款、措施费发生变化、因非承包人原因引起的工程量增减，综合单价的调整、当不可抗力事件发生造成损失时，工程价款的调整原则。熟悉工程价款调整的程序、工程价款调整后的支付原则。掌握新的工程量清单项目综合单价的确定方法。

关键概念

工程价款调整

一、合同价款的调整原则

招标工程以投标截止日前 28 天，非招标工程以合同签订前 28 天为基准日，其后国家的法律、法规、规章和政策发生变化影响工程造价的，应按省级或行业建设主管部门或其授权的工程造价管理机构发布的规定调整合同价款。

工程建设过程中，发、承包双方都是国家法律、法规、规章及政策的执行者。因此，在发、承包双方履行合同的过程中，当国家的法律、法规、规章及政策发生变化，国家或省级、行业建设主管部门或其授权的工程造价管理机构据此发布的工程造价调整文件，工程价款应当进行调整。

二、新的工程量清单项目综合单价的确定方法

因分部分项工程量清单漏项或非承包人原因的工程变更，造成增加新的工程量清单项目，其对应的综合单价按下列方法确定：

(1) 合同中已有适用的综合单价，按合同中已有的综合单价确定；

(2) 合同中有类似的综合单价，参照类似的综合单价确定；

(3) 合同中没有适用或类似的综合单价，由承包人提出综合单价，经发包人确认后执行。

按照财政部、建设部印发的《建设工程价款结算暂行办法》（财建［2004］369号）第十条的相关规定，规定了分部分项工程量清单的漏项或非承包人原因引起的工程变更，造成增加新的工程量清单项目时，新增项目综合单价的确定原则。这一原则是以已标价工程量清单为依据的。

(1) 直接采用适用的项目单价的前提是其采用的材料、施工工艺和方法相同，亦不因此增加关键线路上工程的施工时间；

(2) 采用类似的项目单价的前提是其采用的材料、施工工艺和方法基本相似，不增加关键线路上工程的施工时间，可仅就其变更后的差异部分，参考类似的项目单价由发、承包双方协商新的项目单价；

(3) 无法找到适用和类似的项目单价时，应采用招投标时的基础资料，按成本加利润的原则，由发、承包双方协商新的综合单价。

三、措施费发生变化的调整原则

因分部分项工程量清单漏项或非承包人原因的工程变更，并引起措施项目发生变化，影响施工组织设计或施工方案发生变更，造成措施费发生变化的调整原则。即：

(1) 原措施费中已有的措施项目，按原措施费的组价方法调整；

(2) 原措施费中没有的措施项目，由承包人根据措施项目变更情况，提出适当的措施费变更，经发包人确认后调整。

四、 因非承包人原因引起的工程量增减，综合单价的调整原则

在合同履行过程中，因非承包人原因引起的工程量增减与招标文件中提供的工程量可能有偏差，该偏差对工程量清单项目的综合单价将产生影响，是否调整综合单价以及如何调整应在合同中约定。若合同未作约定，《计价规范》条文说明指出，按以下原则办理：

(1) 当工程量清单项目工程量的变化幅度在 10% 以内时，其综合单价不做调整，执行原有综合单价。

(2) 当工程量清单项目工程量的变化幅度在 10% 以外，且其影响分部分项工程

费超过 0.1%时，其综合单价以及对应的措施费（如有）均应作调整。调整的方法是由承包人对增加的工程量或减少后剩余的工程量提出新的综合单价和措施项目费，经发包人确认后调整。

市场价格发生变化超过一定幅度时，工程价款应按合同约定调整。如合同没有约定或约定不明确的，应按省级或行业建设主管部门或其授权的工程造价管理机构的规定调整。

按照国家发改委、财政部、建设部等九部委第 56 号令发布的标准施工招标文件中的通用合同条款，对物价波动引起的价格调整规定了以下两种方式：

1. 采用价格指数调整价格差额

（1）价格调整公式。因人工、材料和设备等价格波动影响合同价格时，根据投标函附录中的价格指数和权重表约定的数据，按以下公式计算差额并调整合同价格：

$$\Delta P = P_0\Big[A + \Big(B_1 \times \frac{F_{t1}}{F_{01}} + B_2 \times \frac{F_{t2}}{F_{02}} + B_3 \times \frac{F_{t3}}{F_{03}} + \cdots + B_n \times \frac{F_{tn}}{F_{0n}}\Big) - 1\Big]$$

式中　ΔP——需调整的价格差额；

P_0——约定的付款证书中承包人应得到的已完成工程量的金额。此项金额应不包括价格调整、不计质量保证金的扣留和支付、预付款的支付和扣回。约定的变更及其他金额已按现行价格计价的，也不计在内；

A——定值权重（即不调部分的权重）；

B_1；B_2；B_3……B_n——各可调因子的变值权重（即可调部分的权重），为各可调因子在投标函投标总报价中所占的比例；

F_{t1}；F_{t2}；F_{t3}……F_{tn}——各可调因子的现行价格指数，指约定的付款证书相关周期最后一天的前 42 天的各可调因子的价格指数；

F_{01}；F_{02}；F_{03}……F_{0n}——各可调因子的基本价格指数，指基准日期的各可调因子的价格指数。

以上价格调整公式中的各可调因子、定值和变值权重，以及基本价格指数及其来源在投标函附录价格指数和权重表中约定。价格指数应首先采用有关部门提供的价格指数，缺乏上述价格指数时，可采用有关部门提供的价格代替。

（2）暂时确定调整差额。在计算调整差额时得不到现行价格指数的，可暂用上一次价格指数计算，并在以后的付款中再按实际价格指数进行调整。

（3）权重的调整。约定的变更导致原定合同中的权重不合理时，由监理人与承包人和发包人协商后进行调整。

（4）承包人工期延误后的价格调整。由于承包人原因未在约定的工期内竣工的，则对原约定竣工日期后继续施工的工程，在使用第（1）条的价格调整公式时，应采用原约定竣工日期与实际竣工日期的两个价格指数中较低的一个作为现行价格指数。

2. 采用造价信息调整价格差额

施工期内，因人工、材料、设备和机械台班价格波动影响合同价格时，人工、机械使用费按照国家或省、自治区、直辖市建设行政管理部门、行业建设管理部门或其授权的工程造价管理机构发布的人工成本信息、机械台班单价或机械使用费系数进行调整；需要进行价格调整的材料，其单价和采购数应由监理人复核，监理人确认需调整的材料单价及数量，作为调整工程合同价格差额的依据。

《计价规范》的条文说明实质上与第 2 种"采用造价信息调整价格差额"的规定一致。即：

(1) 人工单价发生变化时，发、承包双方应按省级或行业建设主管部门或其授权的工程造价管理机构发布的人工成本文件调整工程价款。

(2) 材料价格变化超过省级或行业建设主管部门或其授权的工程造价管理机构规定的幅度时应当调整，承包人应在采购材料前将采购数量和新的材料单价报发包人核对，确认用于本合同工程时，发包人应确认采购材料的数量和单价。发包人在收到承包人报送的确认资料后 3 个工作日不予答复的视为已经认可，作为调整工程价款的依据。如果承包人未报经发包人核对即自行采购材料，再报发包人确认调整工程价款的，如发包人不同意，则不作调整。

(3) 施工机械台班单价或施工机械使用费发生变化超过省级或行业建设主管部门或其授权的工程造价管理机构规定的范围时，按其规定进行调整。

上述物价波动引起的价格调整中的第 1 种方法适用于使用的材料品种较少，但每种材料使用量较大的土木工程，如公路、水坝等工程。第 2 种方法适用于使用的材料品种较多，相对而言，每种材料使用量较小的房屋建筑与装饰工程。

五、当不可抗力事件发生造成损失时，工程价款的调整原则

因不可抗力事件导致的费用，发、承包双方应按以下原则分别承担并调整工程价款。

(1) 工程本身的损害、因工程损害导致第三方人员伤亡和财产损失以及运至施工场地用于施工的材料和待安装的设备的损害，由发包人承担；

(2) 发包人、承包人人员伤亡由其所在单位负责，并承担相应费用；

(3) 承包人的施工机械设备损坏及停工损失，由承包人承担；

(4) 停工期间，承包人应发包人要求留在施工场地的必要的管理人员及保卫人员的费用，由发包人承担；

(5) 工程所需清理、修复费用，由发包人承担。

六、工程价款调整的程序

工程价款调整因素确定后，发、承包双方应按合同约定的时间和程序提出并确认调整的工程价款。当合同未作约定或本规范的有关条款未作规定时，本条的条文说明指出，按下列规定办理：

(1) 调整因素确定后 14 天内，由受益方向对方递交调整工程价款报告。受益方

在 14 天内未递交调整工程价款报告的,视为不调整工程价款。

(2) 收到调整工程价款报告的一方应在收到之日起 14 天内予以确认或提出协商意见,如在 14 天内未作确认也未提出协商意见时,视为调整工程价款报告已被确认。

七、工程价款调整后的支付原则

按照财政部、建设部印发的《建设工程价款结算暂行办法》(财建〔2004〕369号)的相关规定,《计价规范》规定了经发、承包双方确定调整的工程价款的支付方法。即作为追加(减)合同价款与工程进度款同期支付。

课后讨论

1. 新的工程量清单项目综合单价的确定方法。
2. 因非承包人原因引起的工程量增减,综合单价的调整原则。

练习题

1. 工程价款调整的程序。
2. 当不可抗力事件发生造成损失时,工程价款的调整原则。
3. 措施费发生变化的调整原则。
4. 工程价款调整后的支付原则。

单元四　建筑工程竣工结算

学习目标

了解竣工结算的含义、竣工结算应注意的问题、竣工结算的有关规定。熟悉竣工结算编制的依据、竣工结算的内容、竣工结算编制的程序与方法。掌握竣工结算的编制。

关键概念

竣工结算

一、竣工结算的含义

指单位工程竣工后,施工单位根据施工实施过程中实际发生的变更情况,对原施工图预算工程造价或工程承包价进行调整、修正、重新确定工程造价的经济文件。

虽然承包商与业主签订了工程承包合同，按合同价支付工程价款，但是，施工过程中往往会发生地质条件的变化、设计变更、业主新的要求、施工情况发生了变化等等。这些变化通过工程索赔已确认，那么，工程竣工后就要在原承包合同价的基础上进行调整，重新确定工程造价。这一过程就是编制工程结算的主要过程。

建筑工程竣工结算与建筑工程预算相比较显得更为重要。因为竣工结算标志着该建筑工程造价的最后认定，一旦出现错误，将会造成承发包双方中的一方无法挽回的经济损失。竣工结算的编制是在原经审定的建筑工程预算的基础上，根据工程施工的具体情况进行相关费用调整，其编制方法与建筑工程预算基本相同。

"竣工结算价"是在承包人完成施工合同约定的全部工程内容，发包人依法组织竣工验收合格后，由发、承包双方按照合同约定的工程造价条款，即合同价、合同价款调整以及索赔和现场签证等事项确定的最终工程造价。

二、竣工结算编制的依据

建筑工程竣工结算编制的质量取决于编制依据及原始材料的积累。一般依据如下：

(1) 招标文件、投标文件或施工图计价文件；

(2) 设计图纸交底或图纸会审的会议纪要及设计变更记录；

(3) 工程施工合同；

(4) 施工记录或施工签证单；

(5) 各种验收资料；

(6) 停工（复工）报告；

(7) 竣工图；

(8) 其他费用。凡不属于施工图及其计价应包括的范围，而这些费用又是有明文规定或因实际施工的需要，经双方同意所发生的费用项目，一般表现为计价外现场签证；

(9) 材料设备和其他各项费用的调价记录和依据；

(10) 有关定额、计价文件、补充协议等其他各种结算资料。

三、竣工结算的内容

竣工结算一般包括下列内容：

1. 封面

内容包括：工程名称、建设单位、建筑面积、结构类型、结算造价、编制日期等，并设有施工单位、审查单位以及编制人、复核人、审核人的签字盖章的位置。

2. 建筑工程竣工结算总说明

内容包括：工程概况；结算范围、编制依据；工程变更；工程价款调整；索赔；双方协商处理的事项及其他必须说明的问题等。

3. 建筑工程竣工结算汇总表：包括各单位工程结算造价、技术经济指标。

内容包括：费用名称、费用计算基础、费率、计算式、费用金额等。

4. 建筑工程各单位工程结算表，包括结算计算分析表

内容包括：定额编号、分项工程名称、单位、工程量、定额基价、合价、人工费、机械费等。

5. 附表

内容包括：工程量增减计算表、材料差价计算表、补充基价分析表等。

建筑工程竣工结算主要涉及以下几方面的工作：

1）原计价书的最终认定

在原计价书的工程造价计算中，由于某些原因如国家出台了新的调价政策等，将会使其费用发生变化，在竣工结算中必须加以确认。主要包括：

（1）原计价书中编制依据的认定。

（2）原计价书中费用构成的认定。

（3）原计价书中各项取费的认定。

（4）各省、市、地区建设主管部门规定的调价金额、调价系数的认定。

2）工程变更

工程变更包括设计变更及其他能引起施工合同内容变化的变更，工程变更将会引起施工成本发生变化，因此原合同价应作相应调整。

建筑工程设计变更通常是指建筑工程设计图完成后，由于某种原因对原设计图提出的补充或修改。其补充或修改属补充性设计文件，是原设计文件的组成部分。

3）施工索赔

在建筑工程施工中，由于当事人违约、不可抗力事件、合同缺陷、合同变更、工程师指令及其他第三方原因等，业主与承包商都有可能由于自身的原因或应承担的费用风险，引起对方成本增加，因此便产生费用索赔或反索赔。在竣工结算中应进行相应费用的调整，其内容一般包括：

（1）业主供料不及时，施工企业虽然采取了现场调整等补救措施，但无法完全避免由此带来的经济损失，业主应给以签证进行经济补偿。

（2）非施工单位原因现场停水停电时间较长，超过包干范围，业主应给以签证进行经济补偿。

（3）工程师指令加快施工进度，其措施费用由合同约定条件补偿或约定的奖惩办法解决。

（4）零星铲除、清理等在合同和定额规定以外成本支出，业主应给以签证进行经济补偿。

（5）主要建筑材料代用引起的费用增减，应经双方协商同意，在竣工结算调整。

（6）施工过程中的返工、工程质量检验、二次检验，造成的成本增加，应分清责任和风险。若属业主部分或全部承担，计入竣工结算。

（7）不在定额范围之内的一些零星用工发生的人工费。

4）建筑材料价差

由于市场价格在不断变化，由此造成建筑材料的市场实际价格与地区材料计价价格出现差异，必然引起工程材料费发生变化，在办理竣工结算时应按规定进行调整。

总之，竣工结算所涉及的内容比较广泛，无论是哪种情况，均应在发生时完善相应手续或签证，在此基础上才能纳入竣工结算，进行相关费用的增减调整。

四、竣工结算编制的程序与方法

单位工程竣工结算的编制，是在施工图预算的基础上，根据业主和监理工程师确认的设计变更资料、修改后的竣工图、其他有关工程索赔资料，先进行直接费的增减调整计算，再按取费标准计算各项费用，最后汇总为工程结算造价。其编制程序和方法概述为：

(1) 收集、整理、熟悉有关原始资料；

(2) 深入现场，对照观察竣工工程；

(3) 认真检查复核有关原始资料；

(4) 计算调整工程量；

(5) 套价，计算调整相关费用；

(6) 计算结算造价。

编制竣工结算一般有两种方法：

(1) 在审定的清单计价或合同价款总额基础上，根据变更资料计算，对原计价文件做出调整。

(2) 根据竣工图、原始资料、计价定额及有关规定，按清单计价的方法，重新进行计算。这种编制方法，工作量大，但完整性好、准确性强，适用于工程变更较大、变更项目较多的工程。

五、竣工结算的编制

编制竣工结算时，分部分项工程费中的工程量应依据发、承包双方确认的工程量，综合单价应依据合同约定的综合单价计算。如发生了调整的，以发、承包双方确认调整后的综合单价计算。

措施项目费应依据合同约定的措施项目和金额或发、承包双方确认调整后的措施项目费金额计算。措施项目费中的安全文明施工费应按照国家或省级、行业建设主管部门的规定计算。施工过程中，国家或省级、行业建设主管部门对安全文明施工费进行了调整的，措施项目费中的安全文明施工费应作相应调整。

其他项目费在办理竣工结算时，

(1) 计日工的费用应按发包人实际签证确认的数量和合同约定的相应单价计算；

(2) 当暂估价中的材料是招标采购的，其单价按中标价在综合单价中调整。当暂估价中的材料为非招标采购的，其单价按发、承包双方最终确认的单价在综合单价中调整。

当暂估价中的专业工程是招标采购的，其金额按中标价计算。当暂估价中的专业工程为非招标采购的，其金额按发、承包双方与分包人最终确认的金额计算；

（3）总承包服务费应依据合同约定金额计算，发、承包双方依据合同约定对总承包服务费进行了调整，应按调整后的金额计算；

（4）索赔事件产生的费用在办理竣工结算时应在其他项目费中反映。索赔费用的金额应依据发、承包双方确认的索赔项目和金额计算；

（5）现场签证发生的费用在办理竣工结算时应在其他项目费中反映。现场签证费用金额应依据发、承包双方签证确认的金额计算；

（6）合同价款中的暂列金额在用于各项价款调整、索赔与现场签证后，若有余额，则余额归发包人，若出现差额，则由发包人补足并反映在相应的工程价款中。

规费和税金的计取原则，竣工结算中应按照国家或省级、行业建设主管部门对规费和税金的计取标准计算。

六、竣工结算文件编制示例（见表 3-1 ～ 表 3-18）

承包人报送竣工结算封面：

表 3-1

建筑学院教师住宅工程

竣工结算总价

中标价（小写）：5688879 元（大写）：伍佰陆拾捌万捌仟捌佰柒拾玖元

结算价（小写）：5699437 元（大写）：伍佰陆拾玖万玖仟肆佰叁拾柒元

××
发包人：建筑学院 单位公章　　承包人：建筑公司 单位公章　　咨询人：工程造价
　　　　（单位盖章）　　　　　　　　（单位盖章）　　　　　　（单位资质专用章）

××
法定代表人 建筑学院　　法定代表人 建筑公司　　法定代表人
或其授权人：法定代表人　或其授权人：法定代表人　或其授权人：
　　　　　（签字或盖章）　　　　　　（签字或盖章）　　　　　　（签字或盖章）

×××签字
盖造价工程师
　　　　或造价员专用章
编制人：（造价人员签字盖专用章）　　核对人：（造价工程师签字盖专用章）

编制时间：2010 年 7 月 1 日　　　核对时间：2010 年 7 月 6 日

发包人委托工程造价咨询人核对竣工结算封面：

表 3-2

建筑学院教师住宅工程

竣工结算总价

中标价（小写）：5688879 元 （大写）：伍佰陆拾捌万捌仟捌佰柒拾玖元

结算价（小写）：5656022 元 （大写）：伍佰陆拾伍万陆仟零贰拾贰元

	建筑学院		建筑公司		工程造价　工程造价企业
发包人：单位公章		承包人：单位公章		咨询人：资质专用章	
（单位盖章）		（单位盖章）		（单位资质专用章）	
		××			

法定代表人　建筑学院　　　法定代表人　建筑公司　　　法定代表人　造价企业
或其授权人：法定代表人　　或其授权人：法定代表人　　或其授权人：法定代表人
　　　（签字或盖章）　　　　　　（签字或盖章）　　　　　　（签字或盖章）

　　　×××签字
　　　盖造价工程师　　　　　　　　　　　　×××签字
编制人：　或造价员专用章　　　　核对人：　盖造价工程师专用章
　　（造价人员签字盖专用章）　　　　　（造价工程师签字盖专用章）

编制时间：2010 年 7 月 7 日　　　核对时间：2010 年 7 月 10 日

投标人报送竣工结算总说明：

总 说 明   **表 3-3**

工程名称：建筑学院教师住宅工程   第 1 页   共 1 页

1. 工程概况：本工程为砖混结构，混凝土灌注桩基，建筑层数为六层，建筑面积为 10940m²，招标计划工期为 300 日历天，投标工期为 280 日历天，实际工期为 275 日历天。

2. 竣工结算编制依据

(1) 施工合同、投标文件、招标文件。

(2) 竣工图、发包人确认的实际完成工程量和索赔及现场签证资料。

(3) 省建设主管部门颁发的计价定额和计价管理办法及相关计价文件。

(4) 省工程造价管理机构发布的人工费调整文件。

3. 本工程合同价为 5688879 元，结算价为 5699437 元。结算价中包括专业工程结算价款和发包人供应现浇构件钢筋价款。

合同中专业工程价款暂估价为 100000 元，结算价为 95000 元。发包人供应的钢筋原暂估单价为 5000 元 /t，数量 200t，暂估价 1000000 元。发包人供应钢筋结算单价为 5306 元 /t，数量 206.73t，价款为 1096909 元。

专业工程价款和发包人供应材料价款已由发包人支付给我公司，我公司已按合同约定支付给专业工程承包人和材料供应商。

4. 综合单价变化说明

(1) 省工程造价管理机构发布人工费调整文件，规定从××××年×月×日起人工费调增 10%。本工程主体后的项目根据文件规定，人工费进行了调增并调整了相应综合单价，具体详见工程量清单综合单价分析表。

(2) 发包人供应的现浇混凝土用钢筋，原招标文件暂估价为 5000 元 /t，实际供应价为 5306 元 /t，根据实际供应价调整了相应项目综合单价。

5. 结算价分析说明

本工程结算价较合同价超 10558 元，主要是暂列金额的超支，具体分析如下：

(1) 暂列金额超支 32678 元。合同价中暂列金额为 300000 元，实际支出 332678 元，支出情况为：

1) 分部分项工程费增加 219114 元（包括发包人供应钢筋暂估价与结算价的价差和量差，人工费调整，设计变更与清单工程量偏差三部分内容）。

2) 措施费增加 9298 元。

3) 索赔与现场签证 87594 元。

4) 总承包服务费增加 135 元。

5) 规费和税金增加 16537 元。

(2) 合同价中专业工程暂估价为 100000 元，结算价为 95000 元，节余 5000 元。

(3) 合同价中计日工 216000 元，结算价为 4480 元，节余 17120 元。

合计超支 10558 元。

其他略。

发包人核对竣工结算总说明：

总　说　明　　　　　　　　　　　　　　　**表 3-4**

工程名称：建筑学院教师住宅工程　　　　　　　　　　第 1 页　　共 1 页

　　1. 工程概况：本工程为砖混结构，混凝土灌注桩基，建筑层数为六层，建筑面积为 10940m²，招标计划工期为 300 日历天，投标工期为 280 日历天，实际工期为 275 日历天。

　　2. 竣工结算核对依据

　　(1) 承包人报送的竣工结算。

　　(2) 施工合同、投标文件、招标文件。

　　(3) 竣工图、发包人确认的实际完成工程量和索赔及现场签证资料。

　　(4) 省建设主管部门颁发的计价定额和计价管理办法及相关计价文件。

　　(5) 省工程造价管理机构发布的人工费调整文件。

　　3. 核对情况说明

　　本工程合同价为 5688879 元，原报送结算金额为 5699437 元，核对后确认金额为 5656022 元，核减金额 43415 元，金额变化的主要原因为：原报送结算中，发包人供应的现浇混凝土用钢筋，结算单价为 5306 元 /t，根据进货凭证和付款记录，发包人供应钢筋的加权平均价格核对确认为 5295 元 /t，并调整了相应项目综合单价。发包人供应材料价值核对后确认为 1094635 元，核减 2256，并调整了相应的总承包服务费。

　　其他略。

　　4. 结算价分析说明

　　本工程竣工结算经核对后，结算价较合同价节余 32857 元，主要是暂列金额专业工程暂估价和计日工的节余，具体分析如下：

　　(1) 暂列金额节余 10737 元。合同价中暂列金额为 300000 元，实际支出 289263 元，支出情况为：

　　1) 分部分项工程费增加 176236 元（包括发包人供应钢筋暂估价与结算价的价差和量差、人工费调整、设计变更和工程量清单偏差三部分内容）。

　　2) 措施费增加 27500 元。

　　3) 索赔与现场签证 87594 元。

　　4) 总承包服务费增加 123 元。

　　5) 规费和税金减少 2190 元。

　　(2) 合同价中专业工程暂估价为 100000 元，结算价为 95000 元，节余 5000 元。

　　(3) 合同价中计日工为 21600 元，结算价为 4480 元，节余 17120 元。

合计节约 32857 元。

单位工程竣工结算汇总表

表 3-5

工程名称：建筑学院教师住宅工程　　　　　　标段：　　　　　　第 1 页　共 1 页

序 号	汇总内容	金 额（元）
1	分部分项工程	4221227
1.1	A.1 土（石）方工程	110831
1.2	A.2 桩与地基基础工程	423926
1.3	A.3 砌筑工程	708926
1.4	A.4 混凝土及钢筋混凝土工程	2573200
1.5	A.6 金属结构工程	1812
1.6	A.7 屋面及防水工程	269547
1.7	A.8 防腐、隔热、保温工程	132985
2	措施项目	858528
2.1	安全文明施工费	186185
3	其他项目	199197
3.1	专业工程结算价	95000
3.2	计日工	4480
3.3	总承包服务费	12123
3.4	索赔与现场签证	87594
4	规费	194794
5	税金	182276
竣工结算总价合计＝1＋2＋3＋4＋5		5656022

分部分项工程量清单与计价表

表 3-6

工程名称：建筑学院教师住宅工程　　　　　　标段：　　　　　　第 1 页　共 3 页

序号	项目编码	项目名称	项目特征描述	计量单位	工程量	综合单价	合价	其中：暂估价
			A.1 土（石）方工程					
1	010101 001001	平场整地	Ⅱ、Ⅲ类土综合，土方就地挖填找平	m²	1792	0.88	1577	
2	010101 003001	挖基础土方	Ⅲ类土，条形基础，垫层底宽 2m，挖土深度 4m 以内，弃土运距为 7km	m³	1503	21.92	32946	
			（其他略）					
			分部小计				110831	
			A.2 桩与地基基础工程					
3	010201 003001	混凝土灌注桩	人工挖孔，二级土，桩长 10m，有护壁段长 9m，共 42 根，桩直径 1000mm，扩大头直径 1100mm，桩混凝土为 C25，护壁混凝土为 C20	m	432	322.06	139130	
			（其他略）					
			分部小计				423926	
			本页小计				497040	
			合计				534757	

工程名称：建筑学院教师住宅工程　　　　　标段：　　　　　　　第 2 页 共 3 页

序号	项目编码	项目名称	项目特征描述	计量单位	工程量	金额（元）		
						综合单价	合价	其中：暂估价
			A.3 砌筑工程					
4	010301001001	砖基础	M10 水泥砂浆砌条形基础，深度 2.8～4m，MU15 页岩砖 240mm×115mm×53mm	m³	239	290.46	69420	
5	010302001001	实心砖墙	M7.5 混合砂浆砌实心墙，MU15 页岩砖 240mm×115mm×53mm，墙体厚度 240mm	m³	1986	304.43	604598	
			（其他略）					
			分部小计				708926	
			A.4 混凝土及钢筋混凝土工程					
6	010403001001	基础梁	C30 混凝土基础梁，梁底标高 −1.55m，梁截面 300mm×600mm，250mm×500mmm	m³	208	356.14	74077	
7	010416001001	现浇混凝土钢筋	螺纹钢 Q235，ϕ14	t	99.36	6173.16	613365	
			（其他略）					
			分部小计				2573200	
			本页小计				3282126	
			合计				3816883	

工程名称：建筑学院教师住宅工程　　　　标段：　　　　　　第3页　共3页

序号	项目编码	项目名称	项目特征描述	计量单位	工程量	金额（元）		
						综合单价	合价	其中：暂估价
			A.6 金属结构工程					
8	010606 008001	钢爬梯	U型钢爬梯，型钢品种、规格详××图，油漆为红丹一遍，调合漆二遍	t	0.258	7023.71	1812	
			分部小计				1812	
			A.7 屋面及防水工程					
9	010702 003001	屋面刚性防水	C20 细石混凝土，厚 40mm，建筑油膏嵌缝	m²	1757	21.92	38513	
			（其他略）					
			分部小计				269547	
			A.8 防腐、隔热、保温工程					
10	010803 001001	保温隔热屋面	沥青珍珠岩块 500mm×500mm×150mm，1：3 水泥砂浆护面，厚25mm	m²	1757	54.58	95897	
			（其他略）					
			分部小计				132985	
			本页小计				404344	
			合计				4221227	

措施项目清单与计价表（一）　　　　　　　　　**表 3-7**

工程名称：建筑学院教师住宅工程　　标段：　　　　　　第 1 页　共 1 页

序号	项目名称	计算基础	费率（%）	金额（元）
1	现场安全文明施工费			156185
1.1	基本费	分部分项工程费	2.2	92867
1.2	考评费	分部分项工程费	1.1	46433
1.3	奖励费	分部分项工程费	0.4	16885
2	冬雨期施工	分部分项工程费	0.2	8442
3	已完工程及设备保护	分部分项工程费	0.05	2111
4	临时设施	分部分项工程费	2.2	92867
5	材料与设备检验试验	分部分项工程费	2	84425
	合　　计			344030

措施项目清单与计价表（二）　　　　　　　　　**表 3-8**

工程名称：建筑学院教师住宅工程　　标段：　　　　　　第 1 页　共 1 页

序　号	项目名称	金额（元）
1	大型机械设备进出场及安拆费	13500
2	施工排水	2500
3	施工降水	17500
4	垂直运输机械	135000
5	脚手架	150000
6	模板	195998
	合　　计	514498

其他项目清单与计价汇总表　　　　　　　　　**表 3-9**

工程名称：建筑学院教师住宅工程　　标段：　　　　　　第 1 页　共 1 页

序　号	项目名称	计量单位	金　额（元）	备　注
1	暂列金额	项	—	
2	暂估价		95000	
2.1	材料暂估价		—	
2.2	专业工程结算价	项	95000	明细详见表 2-24
3	计日工		4480	明细详见表 2-25
4	总承包服务费		12123	明细详见表 2-26
5	索赔与现场签证		87594	明细详见表 2-27
	合　　计		199197	—

专业工程结算价表

表 3-10

工程名称：建筑学院教师住宅工程　　　　标段：　　　　　　第 1 页　共 1 页

序　号	工程名称	工程内容	金　额（元）	备　注
1	入户防盗门	安装	95000	
	合计		95000	—

计 日 工 表

表 3-11

工程名称：建筑学院教师住宅工程　　　　标段：　　　　　　第 1 页　共 1 页

编号	项 目 名 称	单 位	结算数量	综合单价	合 价
一	人工				
1	普工	工日	40	40	1600
2	技工（综合）	工日	25	60	1500
	人 工 小 计				3100
二	材料				
1	水泥（42.5）	t	1.5	600	900
2	中砂	m³	6	80	480
	材 料 小 计				1380
三	施工机械				
1	自升式塔式起重机（起重力矩 1250kN·m）	台班	3	550	1650
2	灰浆搅拌机（400L）	台班	1	20	20
	施工机械小计				1670
	总　　计				4480

总承包服务费计价表

表 3-12

工程名称：建筑学院教师住宅工程　　　　标段：　　　　　　第 1 页　共 1 页

序号	项目名称	项目价值（元）	服务内容	费率（%）	金额（元）
1	发包人发包专业工程	95000	1. 按专业工程承包人的要求提供施工工作面并对施工现场进行统一管理，对竣工资料进行统一整理汇总。 2. 为专业工程承包人提供垂直运输机械和焊接电源接入点，并承担垂直运输费和电费。 3. 为防盗门安装后进行补缝和找平并承担相应费用。	7	6650
2	发包人供应材料	1094635	对发包人供应的材料进行验收及保管和使用发放	0.5	5472
	合　　计				12123

索赔与现场签证计价汇总表　　　　表 3-13

工程名称：建筑学院教师住宅工程　　　　标段：　　　　第 1 页　共 1 页

序号	签证及索赔项目名称	计量单位	数量	单价（元）	合价（元）	索赔及签证依据
1	暂停施工				2135.87	001
2	砌筑花池	座	5	500	2500	002
	（其他略）					
—	本页小计	—	—	—	87594	—
—	合　计	—	—	—	87594	—

规费、税金项目清单与计价表　　　　表 3-14

工程名称：建筑学院教师住宅工程　　　　标段：　　　　第 1 页　共 1 页

序号	项目名称	计算基础	费率（%）	金额（元）
1	规费			194794
1.1	工程排污费			
1.2	安全生产监督费	分部分项工程费＋措施项目费＋其他项目费	0.19	10030
1.3	社会保障费	分部分项工程费＋措施项目费＋其他项目费	3	158369
1.4	住房公积金	分部分项工程费＋措施项目费＋其他项目费	0.5	26395
2	税金	分部分项工程费＋措施项目费＋其他项目费	3.33	182276
	合　计			377070

工程量清单综合单价分析表

表 3-15

工程名称：建筑学院教师住宅工程　　　　　　标段：　　　　　　第 1 页　共 1 页

项目编码	010416001001	项目名称	现浇构件钢筋	计量单位	t

清单综合单价组成明细

定额编号	定额名称	定额单位	数量	单价				合价			
				人工费	材料费	机械费	管理费和利润	人工费	材料费	机械费	管理费和利润
AD0899	现浇螺纹钢筋制作安装	t	1.000	294.75	5713.70	62.42	102.29	294.75	5713.70	62.42	102.29
人工单价			小计					294.75	5713.70	62.42	102.29
41.8 元/工日			未计价材料费								
清单项目综合单价								6173.16			

	主要材料名称、规格、型号	单位	数量	单价（元）	合价（元）	暂估单价（元）	暂估合价（元）
材料费明细	螺纹钢筋 Q235，ϕ14	t	1.07	5295.00	5666.00		
	焊条	kg	8.64	4.00	34.56		
	其他材料费			—	13.14	—	
	材料费小计			—	5713.70	—	

工程款支付申请（核准）表 表 3-16

工程名称：建筑学院教师住宅工程　　　　　标段：　　　　　　　　　编号：××

致：　建筑学院：

　　我方于××××年×月×日至××××年×月×日期间已完成了主体 4、5 层的砌筑工作，根据施工合同的约定，现申请支付本期的工程款额为（大写）玖拾贰万柒仟元（小写 927000.00 元），请予核准。

序号	名　称	金额(元)	备　注
1	累计已完成的工程价款	5030000.00	(包括甲供钢材款)
2	累计已实际支付的工程价款	3600000.00	(包括甲供钢材款)
3	本周期已完成的工程价款	1000000.00	(包括甲供钢材款)
4	本周期完成的计日工金额	5000.00	
5	本周期应增加和扣减的变更金额	15000.00	
6	本周期应增加和扣减的索赔金额	10000.00	
7	本周期应抵扣的预付款		
8	本周期应扣减的质保金		
9	本周期应增加或扣减的其他金额		
10	本周期实际应支付的工程价款	927000.00	

承包人(章)(略)

承包人代表×××

日　　　期××××年×月×日

复核意见：

□与实际施工情况不相符，修改意见见附件。

☑与实际施工情况相符，具体金额由造价工程师复核。

监理工程师×××

日　　　期××××年×月×日

复核意见：

　　你方提出的支付申请经复核，本期间已完成工程款额为(大写)壹佰零叁万元（小写 1030000.00 元），本期间应支付金额为(大写)玖拾贰万柒仟元(小写 927000.00 元)。

造价工程师×××

日　　　期××××年×月×日

审核意见：

□不同意

☑同意，支付时间为本表签发后的 15 天内。

发包人(章)(略)

发包人代表×××

日　　　期××××年×月×日

费用索赔申请（核准）表　　　　　　　　　　　　　　　　**表 3-17**

工程名称：建筑学院教师住宅工程　　　　　标段：　　　　　　　　编号：001

致：××中学住宅建设办公室

　　根据施工合同条款 第 12 条的约定，由于 你方工作需要的 原因，我方要求索赔金额（大写）贰仟壹佰叁拾伍元捌角柒分（小写2135.87 元），请予核准。

　　附：1. 费用索赔的详细理由和依据：根据发包人"关于暂停施工的通知"（详附件 1）

　　　　2. 索赔金额的计算：详附件 2

　　　　3. 证明材料：监理工程师确认的现场工人、机械、周转材料数量及租赁合同（略）

承包人（章）（略）

承包人代表 ×××

日期××××年×月×日

复核意见：	复核意见：
根据施工合同条款 第 12 条的约定，你方提出的费用索赔申请经复核： □不同意此项索赔，具体意见见附件。 ☑ 同意此项索赔，索赔金额的计算，由造价工程师复核。 监理工程师××× 日期××××年×月×日	根据施工合同条款 第 12 条的约定，你方提出的费用索赔申请经复核，索赔金额为（大写）贰仟壹佰叁拾伍元捌角柒分（小写2135.87 元）。 造价工程师 ××× 日期××××年×月×日

审核意见：

□不同意此项索赔。

☑ 同意此项索赔，与本期进度款同期支付。

发包人（章）（略）

发包人代表 ×××

日期××××年×月×日

现 场 签 证 表			表 3-18

工程名称：建筑学院教师住宅工程　　　　标段：　　　　　　　　　编号：002

施工部位	学校指定位置	日　期	××××年×月×日

致：建筑学院住宅建设办公室

　　根据×××2007 年 8 月 25 日的口头指，我方要求完成此项工作应支付价款金额为（大写）贰仟伍佰元（小写 2500.00 元），请予核准。

　　附：1. 签证事由及原因：为迎接新学期的到来，改变校容、校貌，学校新增加 5 座花池。

　　　　2. 附图及计算式：（略）

　　　　　　　　　　　　　　　　　　　　　承包人（章）（略）

　　　　　　　　　　　　　　　　　　　　　承包人代表 ×××

　　　　　　　　　　　　　　　　　　　　　日期××××年×月×日

复核意见：

　　你方提出的此项签证申请经复核：

　　□不同意此项签证，具体意见见附件。

　　☑ 同意此项签证，签证金额的计算，由造价工程师复核

　　　　　　　　　　　　　监理工程师×××

　　　　　　　　　　　　　日期××××年×月×日

复核意见：

　　☑ 此项签证按承包人中标的计日工单价计算，金额为（大写）贰仟伍佰 元，（小写 2500.00 元）

　　□此项签证因无计日工单价，金额为（大写＿＿＿＿＿元），（小写＿＿＿＿＿）。

　　　　　　　　　　　　　造价工程师 ×××

　　　　　　　　　　　　　日期××××年×月×日

审核意见：

　　□不同意此项签证。

　　☑同意此项签证，价款与本期进度款同期支付。

　　　　　　　　　　　　　　　　　　　　　发包人（章）（略）

　　　　　　　　　　　　　　　　　　　　　发包人代表 ×××

　　　　　　　　　　　　　　　　　　　　　日期××××年×月×日

费用索赔申请（核准）表

附件1

关于暂停施工的通知

××建筑公司××项目部：

鉴于你项目部承建的我校教师住宅楼工程主体已封顶，应广大教职工的要求，经校办公会研究，决定于××××年×月×日下午组织住户代表查看施工质量。请你们暂停施工半天并配合参观检查工作。

特此通知。

建筑学院

住宅建设办公室（章）

××××年×月×日

附件2

索赔费用计算表

编号：第××号

一、人工费

1. 普工20人：20人×35元/工日×0.5＝350元

2. 技工40人：40人×50元/工日×0.5＝1000元

小计：1350元

二、机械费

1. 自升式塔式起重机1台：1×526.20元/台班×0.5×0.6＝157.86元

2. 灰浆搅拌机1台：1×18.38元/台班×0.5×0.6＝5.51元

3. 其他各种机械（台套数量及具体费用计算略）：50元

小计：213.37元

三、周转材料

1. 脚手脚钢管：25000m×0.012元/天×0.5＝150元

2. 脚手脚扣件：17000个×0.01元/天×0.5＝85元

小计：235元

四、管理费

$1350 \times 25\% = 337.50$ 元

索赔费用合计：2135.87 元。

七、竣工结算应注意的问题

在编制竣工结算时所进行的费用调整应具有充分的依据。因此，应特别注意以下几点：

（1）调整的内容范围是否符合规定。涉及竣工结算的每一份经济洽商都应考虑其洽商内容与计价定额及应取费用的相应项目内容是否符合规定，有无重复列项和漏项的内容。如有应及时给予修正。

（2）签证手续是否符合规定。经济洽商都应有双方同意签证后的盖章和经办人员签名，涉及设计变更的经济洽商还应有三方即设计、承包方和发包方的盖章与经办人员签名才能成立。

否则，即认定手续不齐全，需审查原因，查清后或核减或补齐手续再行调整。

（3）经济洽商资料是否符合规定。有些经济洽商虽属应调整之列，也有各方盖章和签名，但调整增减费用与应变更的依据不符合规定，资料不齐全或洽商记录含糊不清，使结算工作查无实据。如遇此类情况，应查明虚实，补齐资料和依据。

（4）经济洽商报送时间的规定。结算中应注意经济洽商签发的时间，明确在原计价中是否已经考虑，避免对某一些经济洽商所涉及费用的重复计算和漏算。

（5）主要材料价格依据。主要材料价差的调整应注意对材料实际价格的认定工作，如材料购买的发票价格的签认或市场材料价格信息的认定等。若有关签认手续不齐，应及时补办。

（6）建筑主管部门的各项规定的完整性。

八、竣工结算的有关规定

1. 竣工结算的办理原则

工程完工后，发、承包双方应在合同约定时间内办理工程竣工结算。

根据《中华人民共和国合同法》第二百七十九条"建设工程竣工后，发包人应当根据施工图纸及说明书、国家颁发的施工验收规范和质量检验标准及时进行验收。验收合格的，发包人应当按照约定支付价款并接收该建设工程"和《中华人民共和国建筑法》第十八条"发包单位应当按照合同的约定，及时拨付工程款项"的规定。本条为强制性条文。规定了工程完工后，发、承包双方应在合同约定时间内办理竣工结算。合同中没有约定或约定不清的，按本规范相关规定实施。

2. 竣工结算的编制主体

工程竣工结算由承包人或受其委托具有相应资质的工程造价咨询人编制，由发包人或受其委托具有相应资质的工程造价咨询人核对。

竣工结算由承包人编制，发包人核对。实行总承包的工程，由总承包人对竣工结算的编制负总责。根据《工程造价咨询企业管理办法》(建设部令第 149 号) 的规定,承、发包人均可委托具有工程造价咨询资质的工程造价咨询企业编制或核对竣工结算。

3. 办理竣工结算价款的依据

(1)《建设工程工程量清单计价规范》;

(2) 施工合同;

(3) 工程竣工图纸及资料;

(4) 双方确认的工程量;

(5) 双方确认追加 (减) 的工程价款;

(6) 双方确认的索赔、现场签证事项及价款;

(7) 投标文件;

(8) 招标文件;

(9) 其他依据。

4. 办理竣工结算时,分部分项工程费的计价原则

分部分项工程费应依据双方确认的工程量、合同约定的综合单价计算;如发生调整的,以发、承包双方确认调整的综合单价计算。

(1) 工程量应依据发、承包双方确认的工程量计算;

(2) 综合单价应依据合同约定的综合单价计算。如发生了调整的,以发、承包双方确认调整后的综合单价计算。

5. 办理竣工结算时,措施项目费的计价原则

措施项目费应依据合同约定的项目和金额计算。如发生调整的,以发、承包双方确认调整的金额计算,其中安全文明施工费应按《计价规范》第 4.1.5 条的规定计算。

(1) 明确采用综合单价计价的措施项目,应依据发、承包双方确认的工程量和综合单价计算;

(2) 明确采用"项"计价的措施项目,应依据合同约定的措施项目和金额或发、承包双方确认调整后的措施项目费金额计算。

(3) 措施项目费中的安全文明施工费应按照国家或省级、行业建设主管部门的规定计算。施工过程中,国家或省级、行业建设主管部门对安全文明施工费进行了调整的,措施项目费中的安全文明施工费应作相应调整。

6. 其他项目费在办理竣工结算时的计算

(1) 计日工的费用应按发包人实际签证确认的数量和合同约定的相应项目综合单价计算;

(2) 若暂估价中的材料是招标采购的,其材料单价按中标价在综合单价中调整。若暂估价中的材料为非招标采购的,其单价按发、承包双方最终确认的材料单价在综合单价中调整。

若暂估价中的专业工程是招标分包的,其专业工程分包费按中标价计算。若暂估

价中的专业工程为非招标分包的，其专业工程分包费按发、承包双方与分包人最终结算确认的金额计算。

（3）总承包服务费应依据合同约定的金额计算，发、承包双方依据合同约定对总承包服务费进行了调整，应按调整后的金额计算。

（4）索赔事件产生的费用在办理竣工结算时应在其他项目费中反映。索赔费用的金额应依据发、承包双方确认的索赔事项和金额计算。

（5）现场签证发生的费用在办理竣工结算时应在其他项目费中反映。现场签证费用金额依据发、承包双方签证确认的金额计算。

（6）合同价款中的暂列金额在用于各项价款调整、索赔与现场签证后，若有余额，则余额归发包人，若出现差额，则由发包人补足并反映在相应项目的工程价款中。

7. 规费和税金的计取原则

规费和税金应按《计价规范》第4.1.8条的规定计算。

竣工结算中应按照国家或省级、行业建设主管部门对规费和税金的计取标准计算。

8. 承包人编制、递交竣工结算书的原则

承包人应在合同约定时间内编制完成竣工结算书，并在提交竣工验收报告的同时递交给发包人。

承包人未在合同约定时间内递交竣工结算书，经发包人催促后仍未提供或没有明确答复的，发包人可以根据已有资料办理结算。

根据《中华人民共和国建筑法》第六十一条"交付竣工验收的建筑工程，必须符合规定的建筑工程质量标准，有完整的工程技术经济资料和经签署的工程保修书，并具备国家规定的其他竣工条件"的规定，本条规定了承包人应在合同约定的时间内完成竣工结算编制工作。承包人向发包人提交竣工验收报告时，应一并递交竣工结算书。

承包人无正当理由在约定时间内未递交竣工结算书，造成工程结算价款延期支付的，责任由承包人承担。

9. 发、承包双方在竣工结算核对过程中的权、责

发包人在收到承包人递交的竣工结算书后，应按合同约定时间核对。

同一工程竣工结算核对完成，发、承包双方签字确认后，禁止发包人又要求承包人与另一个或多个工程造价咨询人重复核对竣工结算。

竣工结算的核对是工程造价计价中发、承包双方应共同完成的重要工作。按照交易的一般原则，任何交易结束，都应做到钱、货两清，工程建设也不例外。工程施工的发、承包活动作为期货交易行为，当工程竣工验收合格后，承包人将工程移交给发包人时，发、承包双方应将工程价款结算清楚，即竣工结算办理完毕。本条按照交易结束时钱、货两清的原则，规定了发、承包双方在竣工结算核对过程中的权、责。主要体现在以下方面：

(1) 竣工结算的核对时间：按发、承包双方合同约定的时间完成。

最高人民法院《关于审理建设工程施工合同纠纷案件适用法律问题的解释》（法释［2004］14 号）第二十条规定："当事人约定，发包人收到竣工结算文件后，在约定期限内不予答复，视为认可竣工结算文件的，按照约定处理。承包人请求按照竣工结算文件结算工程价款的，应予支持"。根据这一规定，要求发、承包双方不仅应在合同中约定竣工结算的核对时间，并应约定发包人在约定时间内对竣工结算不予答复，视为认可承包人递交的竣工结算的条款。

合同中对核对竣工结算时间没有约定或约定不明的，根据财政部、建设部印发的《建设工程价款结算暂行办法》（财建［2004］369 号）第十四条第（三）项规定，按表 3-19 规定时间进行核对并提出核对意见。

表 3-19

	工程竣工结算书金额	核 对 时 间
1	500 万元以下	从接到竣工结算书之日起 20 天
2	500 万～2000 万元	从接到竣工结算书之日起 30 天
3	2000 万～5000 万元	从接到竣工结算书之日起 45 天
4	5000 万元以上	从接到竣工结算书之日起 60 天

建设项目竣工总结算在最后一个单项工程竣工结算核对确认后 15 天内汇总，送发包人后 30 天内核对完成。

合同约定或《建设工程工程量清单计价规范》规定的结算核对时间含发包人委托工程造价咨询人核对的时间。

(2) 发、承包双方签字确认后，表示工程竣工结算完成，禁止发包人又要求承包人与另一或多个工程造价咨询人重复核对竣工结算。此条有针对性地对当前实际存在的竣工结算一审再审、以审代拖、久审不结的现象作了禁止性规定。

10. 发、承包双方在办理竣工结算中的责任

发包人或受其委托的工程造价咨询人收到承包人递交的竣工结算书后，在合同约定时间内，不核对竣工结算或未提出核对意见的，视为承包人递交的竣工结算书已经认可，发包人应按承包人递交的竣工结算金额向承包人支付工程结算价款。

承包人在接到发包人提出的核对意见后，在合同约定时间内，不确认也未提出异议的，视为发包人提出的核对意见已经认可，竣工结算手续办理完毕；发包人按核对意见中的竣工结算金额向承包人支付结算价款。

在工程建设的施工阶段，工程竣工验收合格后，发、承包人就应当办清竣工结算。结算时，先由承包人提交竣工结算书，由发包人核对，而有的发包人收到竣工结算书后迟迟不予答复或根本不予答复，以达到拖欠或者不支付工程价款的目的。这种行为不仅严重侵害了承包人的合法权益，又造成了拖欠农民工工资的现象，造成严重的社会问题。为此，《建筑工程施工发包与承包计价管理办法》（建设部令第 107 号）第十六条第（二）项规定："发包方应当在收到竣工结算文件后的约定期限予以答复。

逾期未答复的，竣工结算文件视为已被认可"，第（五）项第二款规定："发承包双方在合同中对上述事项的期限没有明确约定的，可认为其约定期限均为 28 日"。最高人民法院《关于审理建设工程施工合同纠纷案件适用法律问题的解释》（法释〔2004〕14 号）第 20 条就根据建设部令的这一规定制定，使之更具有可操作性。

财政部、建设部印发的《建设工程价款结算暂行办法》（财建〔2004〕369 号）规定："发包人收到竣工结算报告及完整的结算资料后，在本办法规定或合同约定期限内，对结算报告及资料没有提出意见，则视同认可。承包人如未在规定时间内提供完整的工程竣工结算资料，经发包人催促后 14 天内仍未提供或没有明确答复，发包人有权根据已有资料进行审查，责任由承包人自负"。本条的规定，与上述有关规定是一致的。

11. 当发包人拒不签收承包人报送的竣工结算书时，承包人的权利；承包人未按合同约定递交竣工结算书时，发包人的权利

发包人应对承包人递交的竣工结算书签收，拒不签收的，承包人可以不交付竣工工程。

承包人未在合同约定时间内递交竣工结算书的，发包人要求交付竣工工程，承包人应当交付。

12. 工程竣工验收备案、交付使用的必备条件

竣工结算办理完毕，发包人应将竣工结算书报送工程所在地工程造价管理机构备案。竣工结算书作为工程竣工验收备案、交付使用的必备文件。

竣工结算书是反映工程造价计价规定执行情况的最终文件。根据《中华人民共和国建筑法》第六十一条："交付竣工验收的建筑工程，必须符合规定的建筑工程质量标准，有完整的工程技术经济资料和经签署的工程保修书，并具备国家规定的其他竣工条件"的规定，本条规定了将工程竣工结算书作为工程竣工验收备案、交付使用的必备条件。同时要求发、承包双方竣工结算办理完毕后，应由发包人向工程造价管理机构备案，以便工程造价管理机构对本规范的执行情况进行监督和检查。

13. 竣工结算办理完毕，发包人向承包人支付工程结算价款的规定

竣工结算办理完毕，发包人应根据确认的竣工结算书在合同约定时间内向承包人支付工程竣工结算价款。

竣工结算办理完毕，发包人应在合同约定时间内向承包人支付工程结算价款，若合同中没有约定或约定不明的，根据财政部、建设部印发的《建设工程价款结算暂行办法》（财建〔2004〕369 号）第十六条的规定，发包人应在竣工结算书确认后 15 天内向承包人支付工程结算价款。

14. 承包人未按合同约定得到工程结算价款时应采取的措施

发包人未在合同约定时间内向承包人支付工程结算价款的，承包人可催告发包人支付结算价款。如达成延期支付协议的，发包人应按同期银行同类贷款利率支付拖欠工程价款的利息。如未达成延期支付协议，承包人可以与发包人协商将该工程折价，或申请人民法院将该工程依法拍卖，承包人就该工程折价或者拍卖的价款优

先受偿。

竣工结算办理完毕后，发包人应按合同约定向承包人支付工程价款。发包人按合同约定应向承包人支付，而未支付的工程款视为拖欠工程款。根据《最高人民法院关于审理建设工程施工合同纠纷案件适用法律问题的解释》（法释〔2004〕14号）第十七条规定："当事人对欠付工程价款利息计付标准有约定的，按照约定处理；没有约定的，按照中国人民银行发布的同期同类贷款利率计息。发包人应向承包人支付拖欠工程款的利息，并承担违约责任。"

根据《中华人民共和国合同法》第二百八十六条规定："发包人未按照合同约定支付价款的，承包人可以催告发包人在合理期限内支付价款。发包人逾期不支付的，除按照建设工程的性质不宜折价、拍卖的以外，承包人可以与发包人协议将该工程折价，也可以申请人民法院将该工程依法拍卖。建设工程的价款就该工程折价或者拍卖的价款优先受偿。"

按照最高人民法院《关于建设工程价款优先受偿权的批复》（法释〔2002〕16号）的规定：

（1）人民法院在审理房地产纠纷案件和办理执行案件中，应当依照《中华人民共和国合同法》第二百八十六条的规定，认定建筑工程的承包人的优先受偿权优于抵押权和其他债权。

（2）消费者交付购买商品房的全部或者大部分款项后，承包人就该商品房享有的工程价款优先受偿权不得对抗买受人。

（3）建筑工程价款包括承包人为建设工程应当支付的工作人员报酬、材料款等实际支出的费用，不包括承包人因发包人违约所造成的损失。

（4）建设工程承包人行使优先权的期限为六个月，自建设工程竣工之日或者建设工程合同约定的竣工之日起计算。

课后讨论

1. 建筑工程竣工结算编制依据。
2. 建筑工程竣工结算包括的内容？
3. 竣工结算应注意哪些问题？
4. 竣工结算的有关规定。

练习题

1. 什么是建筑工程的竣工结算？
2. 谈谈竣工结算编制的程序与方法。

单元五 竣工结算文件编制实训

任务

分组编制徐州建筑学院家属区围合工程 1 号、2 号、3 号传达室竣工结算文件。

实训步骤

(1) 收集、整理、熟悉有关原始资料；

(2) 深入市场，对照观察竣工工程；

(3) 认真检查复核有关原始资料；

(4) 计算调整工程量；

(5) 套价，计算调整相关费用；

(6) 计算结算造价。

小结

项目三分 5 个单元进行介绍，具体内容如下：

1. 结算的含义、意义、作用、分类，这是编制结算的基础。

2. 建筑工程价款的结算。介绍了工程预付款的含义，预付备料款的拨付计算，工程价款的计量支付，工程进度款结算的计算以及工程价款结算的有关规定。这是编制结算的基础。

3. 建筑工程价款的调整。介绍了合同价款的调整原则；综合单价的重新确定；新的工程量清单项目综合单价的确定方法；措施费发生变化的调整原则；因非承包人原因引起的工程量增减，综合单价的调整原则；当不可抗力事件发生造成损失时，工程价款的调整原则；工程价款调整的程序；工程价款调整后的支付原则。这是编制结算的基础。

4. 重点介绍了竣工结算文件的编制。从竣工结算的含义；编制的依据；内容；编制的程序与方法；竣工结算应注意的问题；竣工结算的有关规定等方面进行了详细介绍。并配有结算编制的示例。

5. 竣工结算文件编制综合实训，系统并加强所学知识，将知识运用到工程实践中去。

计价软件的操作

引　言

计价软件的操作。

学习目标

通过本项目学习，你将能够：利用计算机编制工程量清单及清单计价文件。

单元一　概述

学习目标

了解计价软件构成及应用流程，熟悉软件操作流程。

关键概念

招标管理模块、投标管理模块、清单计价模块。

随着建筑信息化的发展及计算机的迅速普及，工程造价电算化已经成为必然的趋势。

目前国内计价软件种类繁多，如品茗、神机妙算、一点智慧、广联达等。下面以广联达计价软件 GBQ4.0 为例，加以介绍。

一、软件构成及应用流程

GBQ4.0 包含三大模块，招标管理模块、投标管理模块、清单计价模块。招标管理和投标管理模块是站在整个项目的角度进行招投标工程造价管理。清单计价模块用于编辑单位工程的工程量清单或投标报价。在招标管理和投标管理模块中可以直接进入清单计价模块，软件使用流程见图 4-1。

二、软件操作流程

以招投标过程中的工程造价管理为例，软件操作流程如下：

（一）招标方的主要工作

（1）新建招标项目

包括新建招标项目工程，建立项目结构。

（2）编制单位工程分部分项工程量清单

包括输入清单项，输入清单工程量，编辑清单名称，分部整理。

（3）编制措施项目清单。

（4）编制其他项目清单。

（5）编制甲供材料、设备表。

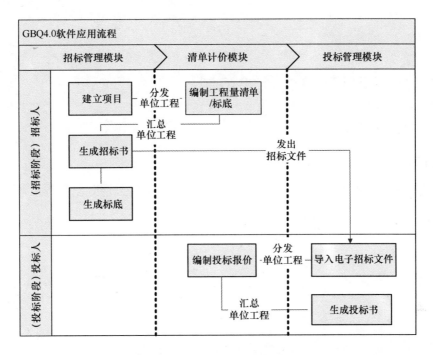

图 4-1　软件应用流程图

(6) 查看工程量清单报表。

(7) 生成电子标书。

包括招标书自检，生成电子招标书，打印报表，刻录及导出电子标书。

(二) 投标人的主要工作

(1) 新建投标项目。

(2) 编制单位工程分部分项工程量清单计价

包括套定额子目，输入子目工程量，子目换算，设置单价构成。

(3) 编制措施项目清单计价

包括计算公式组价、定额组价、实物量组价三种方式。

(4) 编制其他项目清单计价。

(5) 人材机汇总

包括调整人材机价格，设置甲供材料、设备。

(6) 查看单位工程费用汇总

包括调整计价程序，工程造价调整。

(7) 查看报表。

(8) 汇总项目总价

包括查看项目总价，调整项目总价。

(9) 生成电子标书

包括符合性检查，投标书自检，生成电子投标书，打印报表，刻录及导出电子标书。

单元二　工程量清单文件的编制

熟悉新建招标项目、生成电子招标书。掌握上机编制分部分项工程量清单、措施项目、其他项目清单等内容。

招标项目

一、新建招标项目

（一）进入软件

在桌面上双击"广联达计价软件 GBQ4.0"快捷图标，软件会启动文件管理界面，如图 4-2 所示。

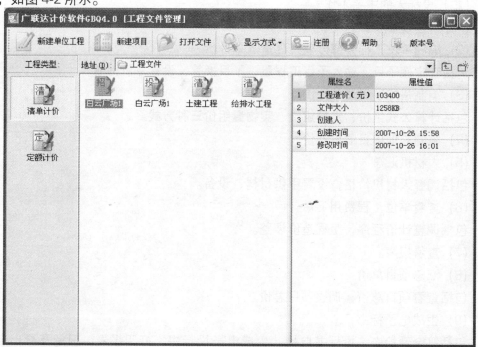

图 4-2　文件管理界面

在文件管理界面选择工程类型为清单计价，点击【新建项目】，如图 4-3 所示。

图 4-3 新建项目界面

在弹出的新建标段界面中，选择对应的地区接口，项目名称输入"白云广场"，项目编号输入"001"，如图 4-4 所示。

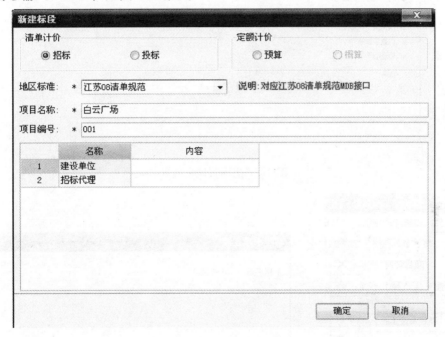

图 4-4 新建标段界面

点击【确定】，软件会进入招标管理主界面，如图 4-5 所示。

（二）建立项目结构

1. 新建单项工程

选中招标项目节点"白云广场"，点击鼠标右键，选择【新建单项工程】，如图 4-6所示。

在弹出的新建单项工程界面中输入单项工程名称"01 号楼"，如图 4-7 所示。

2. 新建单位工程

选中单项工程节点"01 号楼"，点击鼠标右键，选择【新建单位工程】，如图 4-8 所示。

图 4-5　招标管理主界面

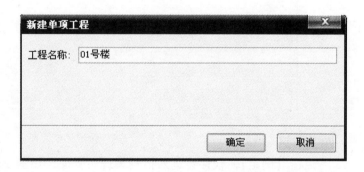

图 4-6　新建单项工程界面　　　　　图 4-7　单项工程名称界面

　　选择清单库"工程量清单项目设置规则（2008—江苏）"，清单专业选择"建筑工程"，定额库选择"江苏省建设与装饰工程计价表（2003）"，定额专业为"土建工程"。工程名称输入为土建工程，工程类别选择为三类工程，费用年限为09年5月1日后费率。点击【确定】则完成新建土建单位工程文件，如图 4-9 所示。

　　用同样的方法新建给排水工程，如图 4-10 所示。

　　通过以上操作，就新建了一个招标项目，并且建立项目的结构，如图 4-11 所示。

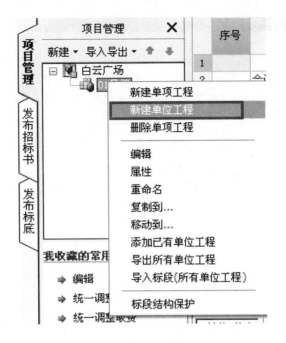

图 4-8　新建单位工程界面

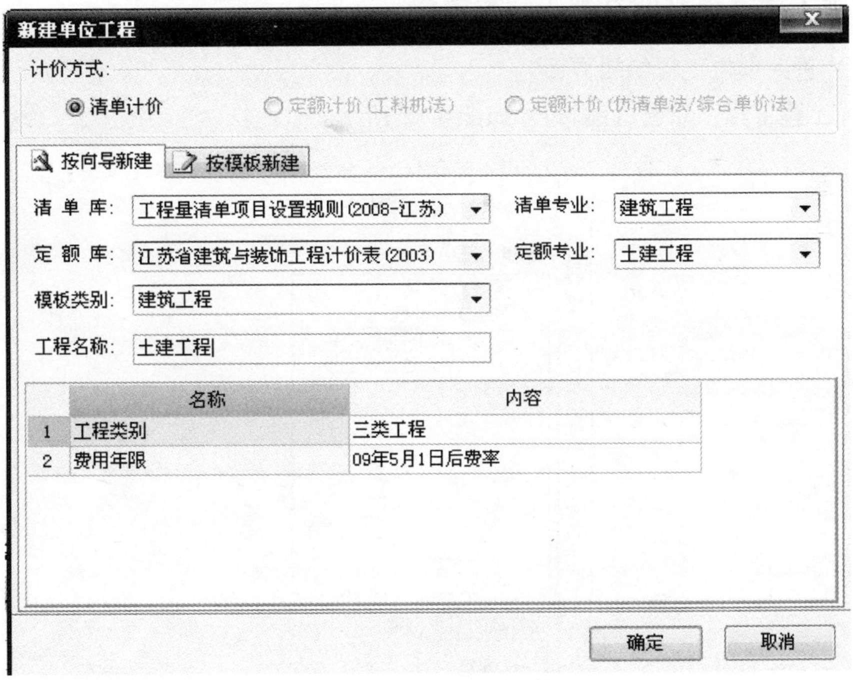

图 4-9　新建土建单位工程界面

(三) 保存文件

点击 ┣ 保存(S)，在弹出的另存为界面点击【保存】。

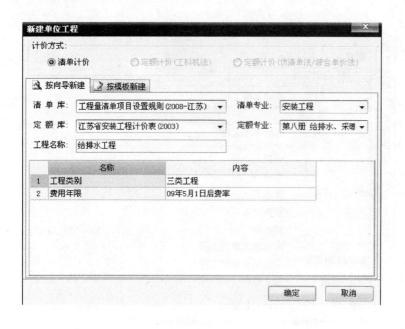

图 4-10　新建给排水单位工程界面　　　　图 4-11　项目结构界面

二、编制土建工程分部分项工程量清单

（一）进入单位工程编辑界面

选择土建工程，点击【编辑】，如图 4-12 所示。

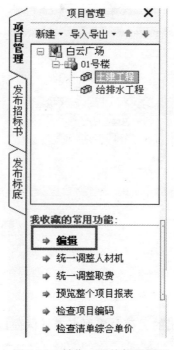

图 4-12　单位工程编辑界面图

软件会进入单位工程编辑主界面，如图4-13所示。

图 4-13 单位工程编辑主界面图

（二）输入工程量清单

1. 查询输入

在查询──查询清单界面找到平整场地清单项，点击【插入】，如图4-14所示。

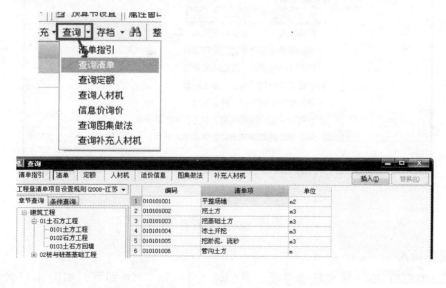

图 4-14 查询输入界面

2. 按编码输入

点击鼠标右键，选择【插入】或【插入清单项】，在空行的编码列输入010101003，点击回车键，在弹出的窗口回车即可输入挖基础土方清单项，如图 4-15 所示。

	编码	类别	名称	单位	工程量表达式	工程量	单价	合价
			整个项目					
1	010101001001	项	平整场地	m2		1	1	
2	010101003001	项	挖基础土方	m3		1	1	

图 4-15　编码输入界面

提示：输入完清单后，可以敲击回车键快速切换到工程量列，再次敲击回车键，软件会新增一空行，软件默认情况是新增定额子目空行，在编制工程量清单时我们可以设置为新增清单空行。点击【系统】→【系统选项】，去掉勾选"直接输入清单后跳转到子目行"，如图 4-16 所示。

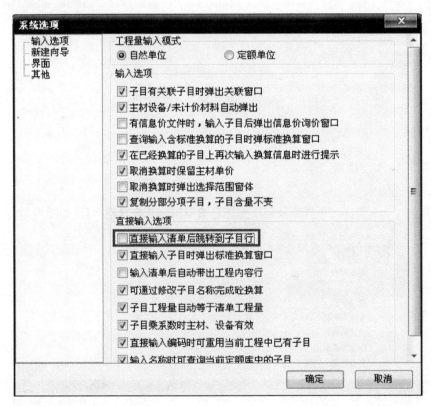

图 4-16　编码输入界面

3. 简码输入

对于 010302004001 填充墙清单项，我们输入 1－3－2－4 即可，如图 4-17 所示。清单的前九位编码可以分为四级，附录顺序码 01，专业工程顺序码 03，分部工程顺序码 02，分项工程项目名称顺序码 004，软件把项目编码进行简码输入，提高输入速度，其中清单项目名称顺序码 001 由软件自动生成。

	编码	类别	名称	单位	工程量表达式	工程量	单价	合价
			整个项目					
1	010101001001	项	平整场地	m2	1	1		
2	010101003001	项	挖基础土方	m3	1	1		
3	010302004001	项	填充墙	m3	1	1		

图 4-17　简码输入界面

同理，如果清单项的附录顺序码、专业工程顺序码等相同，我们只需输入后面不同的编码即可。例如：对于 010306002001 砖地沟、明沟清单项，我们只需输入 6-2 回车即可，因为它的附录顺序码 01、专业工程顺序码 03 和前一条挖基础土方清单项一致。如图 4-18 所示。输入两位编码 6-2，点击回车键。软件会保留前一条清单的前两位编码 1-3。

在实际工程中，编码相似也就是章节相近的清单项一般都是连在一起的，所以用简码输入方式处理起来更方便快速。

	编码	类别	名称	单位	工程量表达式	工程量	单价	合价
			整个项目					
1	010101001001	项	平整场地	m2	1	1		
2	010101003001	项	挖基础土方	m3	1	1		
3	010302004001	项	填充墙	m3	1	1		
4	010306002001	项	砖地沟、明沟	m	1	1		

图 4-18　简码输入界面

按以上方法输入其他清单，如图 4-19 所示。

	编码	类别	名称	单位	工程量表达式	工程量	单价	合价
			整个项目					
1	010101001001	项	平整场地	m2	1	1		
2	010101003001	项	挖基础土方	m3	1	1		
3	010302004001	项	填充墙	m3	1	1		
4	010306002001	项	砖地沟、明沟	m	1	1		
5	010401003001	项	满堂基础	m3	1	1		
6	010402001001	项	矩形柱	m3	1	0		
7	010403002001	项	矩形梁	m3	1	1		
8	010405001001	项	有梁板	m3	1	1		
9	010407002001	项	散水、坡道	m2	1	1		

图 4-19　简码输入界面

4. 补充清单项

在编码列输入 B-1，名称列输入清单项名称截水沟盖板，单位为 m，即可补充一条清单项。如图 4-20 所示。

10	B-1	补项	截水沟盖板	m		1	1	

图 4-20　补充清单项界面

提示：编码可根据用户自己的要求进行编写。

(三) 输入工程量

1. 直接输入

平整场地，在工程量列输入 4211，如图 4-21 所示。

	编码	类别	名称	单位	工程量表达式	工程量	单价	合价
			整个项目					
1	010101001001	项	平整场地	m2		4211	4211	

图 4-21　工程量直接输入界面

2. 图元公式输入

选择挖基础土方清单项，<u>双击</u>工程量表达式单元格，使单元格数字处于<u>编辑状</u><u>态</u>，即光标闪动状态。点击右上角 f_x 按钮。在图元公式界面中选择公式类别为体积公式，图元选择 2.2 长方体体积，输入参数值如图 4-22 所示。

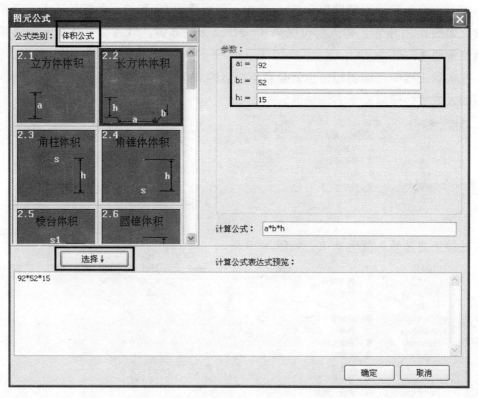

图 4-22　工程量图元公式输入界面

点击【选择】→【确定】，退出图元公式界面，输入结果如图 4-23 所示。

1	010101001001	项	平整场地	m2		4211	4211	
2	010101003001	项	挖基础土方	m3		7176	7176	

图 4-23　工程量图元公式输入界面

提示：输入完参数后要点击【选择】按钮，且只点击一次，如果点击多次，相当于对长方体体积结果的一个累加，工程量会按倍数增长。

3. 计算明细输入

选择填充墙清单项，双击工程量表达式单元格，点击小三点按钮 ┉ ，在工程量计算明细界面，可以在该界面里面编辑加减乘除的计算式，输入计算公式如图 4-24

所示。

图 4-24 工程量计算明细输入界面

点击【确定】，计算结果如图 4-25 所示。

| 4 | 010302004001 | 项 | 填充墙 | | m3 | (150+15*26)*1.2-60 | 588 |

图 4-25 工程量计算明细输入界面

4. 简单计算公式输入

选择砖地沟、明沟清单项，在工程量表达式输入 2.1×2，如图 4-26 所示。

| 4 | 010306002001 | 项 | 砖地沟、明沟 | | m | 2.1*2 | 4.2 |

图 4-26 工程量简单计算公式输入界面

按以上方法，参照下图的工程量表达式输入所有清单的工程量，如图 4-27 所示。

	编码	类别	名称	项目特征	单位	工程量表达式	含量	工程量
	—		整个项目					
1	010101001001	项	平整场地		m2	4211		4211
2	010101003001.	项	挖基础土方		m3	7176		7176
3	010302004001	项	填充墙		m3	(150+15*26)*1.2-60		588
4	010306002001	项	砖地沟、明沟		m	2.1*2		4.2
5	010401003001	项	满堂基础		m3	1958.12		1958.12
6	010402001001	项	矩形柱		m3	1110.24		1110.24
7	010403002001	项	矩形梁		m3	1848.64		1848.64
8	010405001001	项	有梁板		m3	2112.72+22.5+36.93 ···		2172.15
9	010407002001	项	散水、坡道		m2	415		415
10	B-1	补项	截水沟盖板		m	35.3		35.3

图 4-27 工程量简单计算公式输入界面

（四）清单名称描述

1. 项目特征输入清单名称

（1）选择平整场地清单，点击【特征及内容】，单击土壤类别的特征值单元格，选择为"一类土、二类土",填写运距如图4-28所示。

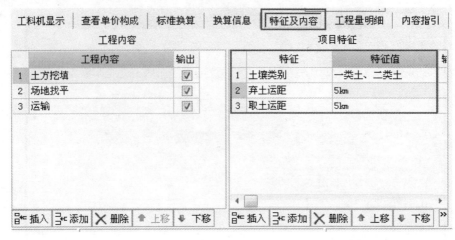

图 4-28　清单名称描述界面

(2) 在右边界面中点击【应用规则到全部清单项】,如图4-29所示。

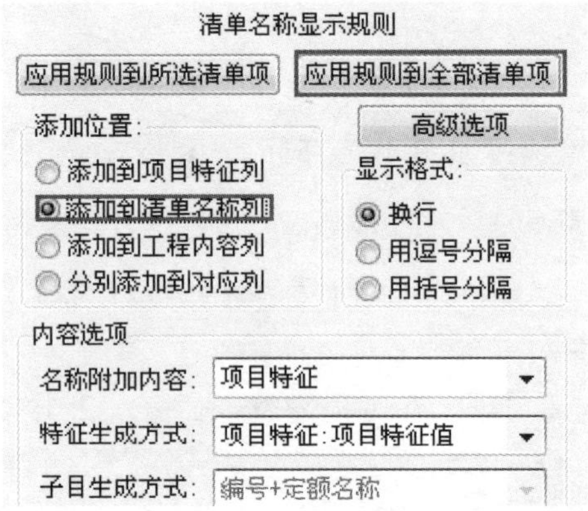

图 4-29　清单名称描述界面

软件会把项目特征信息输入到项目名称中,如图4-30所示。

	编码	类别	名称	单位	工程量表达式	工程量	单价	合价
			整个项目					
1	010101001001	项	平整场地 1. 土壤类别：　一类土、二类土 2. 弃土运距：　5km 3. 取土运距：　5km	m2	4211	4211		

图 4-30　清单名称描述图

2. 直接修改清单名称

选择"矩形柱"清单,点击项目名称单元格,使其处于编辑状态,点击单元格右侧的小三点按钮 <kbd>...</kbd>,在编辑［名称］界面中输入项目名称如图4-31所示。

按以上方法,设置所有清单的名称,如图4-32所示。

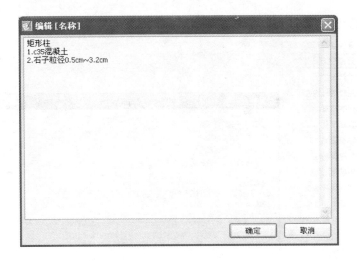

图 4-31　清单名称描述界面

	编码	类别	名称	单位	工程量表达式	工程量	单价	合价
1	010101001001	项	平整场地 1. 土壤类别：　一类土、二类土 2. 弃土运距：　5km 3. 取土运距：　5km	m2	4211	4211		
2	010101003001	项	挖基础土方 1. 土壤类别：　一类土、二类土 2. 挖土深度：　1.5km 3. 弃土运距：　5km	m3	7176	7176		
3	010302004001	项	填充墙 1. 砖品种、规格、强度等级：　陶粒空心砖 墙，强度小于等于8km/m3 2. 墙体厚度：　200mm 3. 砂浆强度等级：　混合M5.0	m3	B+A	1832.16		
4	010306002001	项	砖地沟、明沟 1. 沟截面尺寸：　2080*1500 2. 垫层材料种类、厚度：　混凝土，200mm 厚 3. 混凝土强度等级：　c10 4. 砂浆强度等级、配合比：　水泥M7.5	m	2.1*2	4.2		
5	010401003001	项	满堂基础 1. C10混凝土（中砂）垫层，100mm厚 2. C30混凝土 3. 石子粒径0.5cm~3.2cm	m3	1958.12	1958.12		
6	010402001001	项	矩形柱 1. c35混凝土 2. 石子粒径0.5cm~3.2cm	m3	1110.24	1110.24		
7	010403002001	项	矩形梁 1. c30混凝土 2. 石子粒径0.5cm~3.2cm	m3	1848.64	1848.64		
8	010405001001	项	有梁板 1. 板厚120mm 2. c30混凝土 3. 石子粒径0.5cm~3.2cm	m3	2112.72+22.5 +36.93	2172.15		
9	010407002001	项	散水、坡道 1. 灰土3：7垫层，厚300mm 2. c15混凝土 3. 石子粒径0.5cm~3.2cm	m2	415	415		
10	B-1	补项	截水沟盖板 1. 材质：铸铁 2. 规格：50mm厚，300mm宽		35.3	35.3		

图 4-32　清单名称描述界面

　　提示：对于名称描述有类似的清单项，可以采用 ctrl＋c 和 ctrl＋v 的方式快速复制、粘贴名称，然后进行修改。尤其是给排水工程，很多同类清单名称描述类似。

（五）分部整理

　　在左侧功能区点击【分部整理】，在分部整理界面勾选"需要章分部标题"，如图4-33 所示。

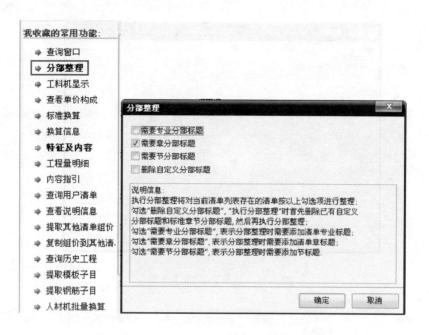

图 4-33　分部整理界面

点击【确定】，软件会按照计价规范的章节编排增加分部行，并建立分部行和清单行的归属关系，如图 4-34 所示。

	编码	类别	名称	单位	工程量表达式	工程量	单价
			整个项目				
B1	A.1	部	土石方工程				
1	010101001001	项	平整场地 1. 土壤类别：　一类土、二类土 2. 弃土运距：　5km 3. 取土运距：　5km	m2	4211	4211	
2	010101003001	项	挖基础土方 1. 土壤类别：　一类土、二类土 2. 挖土深度：　1.5km 3. 弃土运距：　5km	m3	7176	7176	
B1	A.3	部	砌筑工程				
3	010302004001	项	填充墙 1. 砖品种、规格、强度等级：　陶粒空心砖墙，强度小于等于8km/m3 2. 墙体厚度：　200mm 3. 砂浆强度等级：　混合M5.0	m3	B+A	1832.16	
4	010306002001	项	砖地沟、明沟 1. 沟截面尺寸：　2080*1500 2. 垫层材料种类、厚度：　混凝土，200mm厚 3. 混凝土强度等级：　c10 4. 砂浆强度等级、配合比：　水泥M7.5	m	2.1*2	4.2	
B1	A.4	部	混凝土及钢筋混凝土工程				
5	010401003001	项	满堂基础 1. C10混凝土（中砂）垫层，100mm厚 2. C30混凝土 3. 石子粒径0.5cm~3.2cm	m3	1958.12	1958.12	
6	010402001001	项	矩形柱 1. c35混凝土 2. 石子粒径0.5cm~3.2cm	m3	1110.24	1110.24	
7	010403002001	项	矩形梁 1. c30混凝土 2. 石子粒径0.5cm~3.2cm	m3	1848.64	1848.64	
8	010405001001	项	有梁板 1. 板厚120mm 2. c30混凝土 3. 石子粒径0.5cm~3.2cm	m3	2112.72+22.5 +36.93	2172.15	
9	010407002001	项	散水、坡道 1. 灰土3:7垫层，厚300mm 2. c15混凝土 3. 石子粒径0.5cm~3.2cm	m2	415	415	
B1		部	补充分部				
10	B-1	补项	截水沟盖板 1. 材质：铸铁 2. 规格：50mm厚，300mm宽	m	35.3	35.3	

图 4-34　分部整理界面

在分部整理后，补充的清单项会自动生成一个分部为补充分部，如果想要编辑补充清单项的归属关系，在页面点击鼠标右键选中【页面显示列设置】，在弹出的界面对【指定专业章节位置】进行勾选，点击确定，如图 4-35 所示。

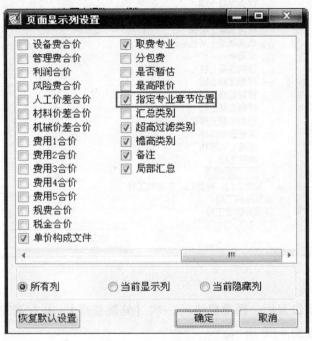

图 4-35　分部整理界面

在页面就会出现【指定专业章节位置】一列（将水平滑块向后拉），点击单元格，出现三个小点 ⋯ 按钮，如图 4-36 所示。

	编码	类别	名称	取费专业	锁定综合单价	指定专业章节位置
B1	A.4	部	混凝土及钢筋混凝土工程			
5	010401003001	项	满堂基础 1. C10混凝土（中砂）垫层，100mm厚 2. C30混凝土 3. 石子粒径0.5cm~3.2cm	建筑工程	☐	104010000
6	010402001001	项	矩形柱 1. c35混凝土 2. 石子粒径0.5cm~3.2cm	建筑工程	☐	104020000
7	010403002001	项	矩形梁 1. c30混凝土 2. 石子粒径0.5cm~3.2cm	建筑工程	☐	104030000
8	010405001001	项	有梁板 1. 板厚120mm 2. c30混凝土 3. 石子粒径0.5cm~3.2cm	建筑工程	☐	104050000
9	010407002001	项	散水、坡道 1. 灰土3：7垫层，厚300mm 2. c15混凝土 3. 石子粒径0.5cm~3.2cm	建筑工程	☐	104070000
B1		部	补充分部			
10	B-1	补项	截水沟盖板 1. 材质：铸铁 2. 规格：50mm厚，300mm宽		☐	⋯

图 4-36　分部整理界面

点击 ⋯ 按钮，选择章节即可，我们选择混凝土及钢筋混凝土工程中的螺栓、铁件章节，点击确定，如图 4-37 所示。

图 4-37　分部整理界面

指定专业章节位置后，再重复进行一次【分部整理】，补充清单项就会归属到选择的章节中了，如图 4-38 所示。

	编码	类别	名称	取费专业	锁定综合单价	指定专业章节位置
B1	A.4	部	混凝土及钢筋混凝土工程			
5	010401003001	项	满堂基础 1. C10混凝土（中砂）垫层，100mm厚 2. C30混凝土 3. 石子粒径 0.5cm~3.2cm	建筑工程	□	104010000
6	010402001001	项	矩形柱 1. c35混凝土 2. 石子粒径 0.5cm~3.2cm	建筑工程	□	104020000
7	010403002001	项	矩形梁 1. c30混凝土 2. 石子粒径 0.5cm~3.2cm	建筑工程	□	104030000
8	010405001001	项	有梁板 1. 板厚120mm 2. c30混凝土 3. 石子粒径 0.5cm~3.2cm	建筑工程	□	104050000
9	010407002001	项	散水、坡道 1. 灰土3:7垫层，厚300mm 2. c15混凝土 3. 石子粒径 0.5cm~3.2cm	建筑工程	□	104070000
10	B-1	补项	截水沟盖板 1. 材质：铸铁 2. 规格：50mm厚，300mm宽		□	104170000

图 4-38　分部整理界面

提示：通过以上操作就编制完成了土建单位工程的分部分项工程量清单，接下来编制措施项目清单。

三、编制土建工程措施项目、其他项目清单等内容

（一）项目清单

选择 1.3 奖励费措施项，点击鼠标右键【插入】或【插入措施项】，插入一个空行，分别输入序号，名称为 1.4 其他费用（自己根据需要填写名称），如图 4-39 所示。

	序号	类别	名称	单位	项目特征	组价方式	计算基数
			措施项目				
			通用措施项目				
1	1		现场安全文明施工	项		子措施组价	
2	1.1		基本费	项		计算公式组	FBFXHJ
3	1.2		考评费	项		计算公式组	FBFXHJ
4	1.4		其他费	项		计算公式组	
5	1.3		奖励费	项		计算公式组	FBFXHJ
6	2		夜间施工	项		计算公式组	FBFXHJ
7	3		二次搬运	项		定额组价	
		定					
8	4		冬雨季施工	项		计算公式组	FBFXHJ
9	5		大型机械设备进出场及安拆	项		定额组价	
		定					
10	6		施工排水	项		定额组价	
		定					
11	7		施工降水	项		定额组价	
		定					
12	8		地上、地下设施，建筑物的临时保护设施	项		定额组价	
		定					
13	9		已完工程及设备保护	项		计算公式组	FBFXHJ
14	10		临时设施	项		计算公式组	FBFXHJ
15	11		材料与设备检验试验	项		计算公式组	FBFXHJ
16	12			项		计算公式组	
17	12		赶工措施	项		计算公式组	FBFXHJ
18	13		工程按质论价	项		计算公式组	FBFXHJ
19	14		特殊条件下施工增加	项		定额组价	
		定					

图 4-39 措施项目清单界面

然后再计算基数列输入取费的基础，点击 📖 按钮，即可选择工程中的相应数据作为参考，或者直接输入一个具体的数值。

(二) 其他项目清单

进入其他项目清单界面，如图 4-40 所示。

	序号	名称	计算基数	单位	费率(%)	金额	备注	费用类别	不可竞争费	局部汇总
1		**其他项目**				0				
2	1	暂列金额	暂列金额	项		0		暂列金额	☐	☐
3	2	暂估价	专业工程暂估价			0		暂估价	☐	☐
4	2.1	材料暂估价	ZGJCLHJ			0		材料暂估价	☐	☐
5	2.2	专业工程暂估价	专业工程暂估价	项		0		专业工程暂估价	☐	☐
6	3	计日工	计日工			0		计日工	☐	☐
7	4	总承包服务费	总承包服务费			0		总承包服务费	☐	☐

图 4-40 其他项目清单界面

(三) 查看报表

编辑完成后查看本单位工程的报表，例如"工程量清单"下的"表－08 分部分项工程量清单与计价表"，如图 4-41 所示。

单张报表可以导出为 Excel，点击右上角的"导出到 Excel 文件" 📄 ，或在该报

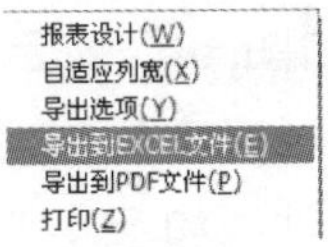

报表设计(W)
自适应列宽(X)
导出选项(Y)
导出到EXCEL文件(E)
导出到PDF文件(P)
打印(Z)

表上点击右键，选择"导出到 Excel 文件" ，在保存界面输入文件名，点击保存。

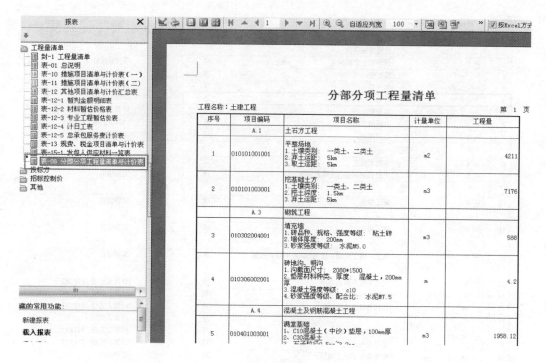

图 4-41　查看报表界面

也可以把所有报表批量导出为 Excel，点击批量导出到 Excel，如图 4-42 所示。

勾选需要导出的报表，如图 4-43 所示。

点击【确定】，输入文件名后点击【保存】即可。

（四）保存退出

通过以上方式就编制完成了土建单位工程的工程量清单。点击 💾，然后点击 ❎，返回招标管理主界面。

➡ 新建报表

➡ 载入报表

➡ 保存报表

➡ 保存报表方案

➡ 载入报表方案

➡ 报表管理

➡ **批量导出到Excel**

➡ 批量打印

➡ 保存为系统报表方案

➡ 恢复系统报表方案

图 4-42　导出报表界面

四、　生成电子招标书

（一）招标书自检

点击发布招标书导航栏，点击【招标书自检】，如图 4-44 所示。

在设置检查项界面中选择分部分项工程量清单，并点击【确定】，如图 4-45 所示。

如果工程量清单存在错漏、重复项，软件会以网页文件显示出来，如果没有问题，则会提示如图 4-46 所示。

（二）生成电子招标书

点击【生成招标书】，如图 4-47 所示。

在生成招标书界面点击【确定】，如图 4-48 所示。

软件会生成电子标书文件，如图 4-49 所示。

注：如果多次生成招标书，则此界面会保留多个电子招标文件。

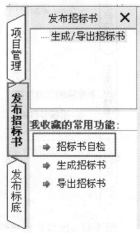

图 4-43　导出报表界面　　　　　　　　　　图 4-44　招标书自检界面

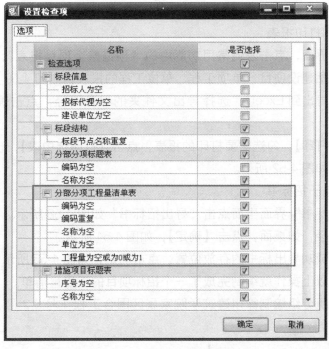

图 4-45　招标书自检界面

图 4-46　招标书自检界面

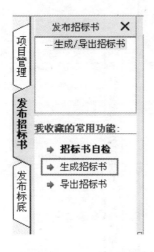

图 4-47　生成招标书界面

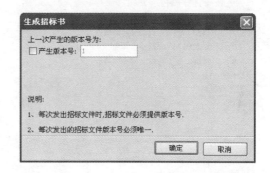

图 4-48　生成招标书界面

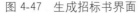

名称	版本	修改日期
白云广场BJ-070621-SG[2007-10-27 13：57：41]	1	[2007-10-27 13：57：41]

图 4-49　生成招标书界面

（三）预览和打印报表

在项目管理界面，点击左侧常用功能中的"预览整个项目报表"，即可显示本项目所有报表，包括建设项目、单项工程、单位工程的报表，如图 4-50 所示。

点击【批量导出到 Excel】，选择导出文件夹的保存路径，点击确定，如图 4-51所示。

点击【批量打印】，勾选需要打印的报表，点击【打印选中表】，也可以在左下角设置打印范围，如图 4-52 所示。

（四）生成电子招标书

在"发布招标书"界面里面点击"导出招标书"如图 4-53 所示。

选择导出路径，如桌面，点击【确定】，如图 4-54 所示。

软件会提示成功导出标书的存放位置，点击确定，如图 4-55 所示。

提示：通过以上操作就编制完成了一个招标项目的工程量清单。

【任务】：上机分组编制徐州建筑学院家属区围合工程 1 号、2 号、3 号传达室其工程量清单文件。

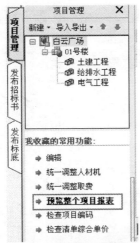

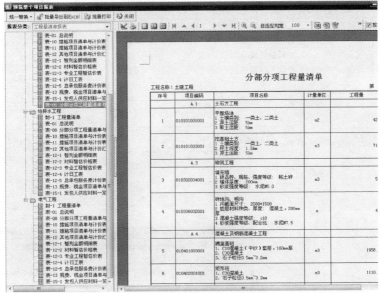

图 4-50 预览界面

图 4-51 预览界面

图 4-52　打印界面

图 4-53　发布招标书界面

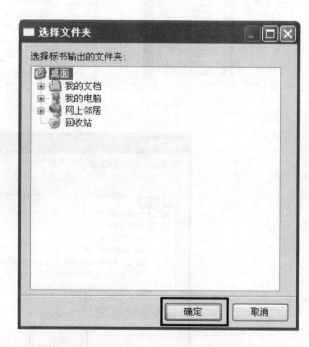

图 4-54　导出招标书界面

图 4-55　导出招标书界面

单元三　工程量清单报价文件的编制

　　熟悉新建投标项目、分部分项工程组价、措施、其他清单组价、汇总、定价、生成电子标书等内容。掌握上机编制分部分项工程量清单计价表、措施项目、其他项目清单计价表等内容。

　　投标项目

一、新建投标项目、土建分部分项工程组价

（一）新建投标项目

在工程文件管理界面，点击【新建项目】，如图 4-56 所示。

图 4-56　新建项目界面

　　在新建标段工程界面，选择"投标"，选择"地区标准"，点击【浏览】，在桌面找到电子招标书文件，点击【打开】，软件会导入电子招标文件中的项目信息，如图 4-57 所示。

图 4-57　新建标段工程界面

点击【确定】，软件进入投标管理主界面，可以看出项目结构也被完整导入进来了，如图 4-58 所示。

提示：除项目信息、项目结构外，软件还导入了所有单位工程的工程量清单内容。

（二）进入单位工程界面

选择土建工程，点击【编辑】，在新建清单计价单位工程界面选择清单库、定额库及专业如图 4-59 所示。

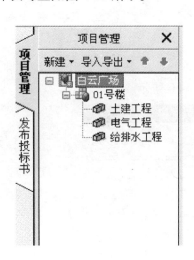

图 4-58　项目结构界面

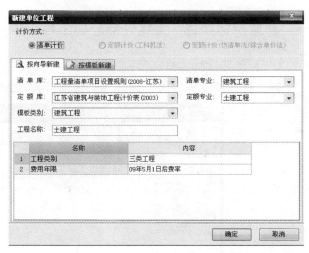

图 4-59　单位工程界面

点击【确定】后，软件会进入单位工程编辑主界面，能看到已经导入的工程量清单，如图 4-60 所示。

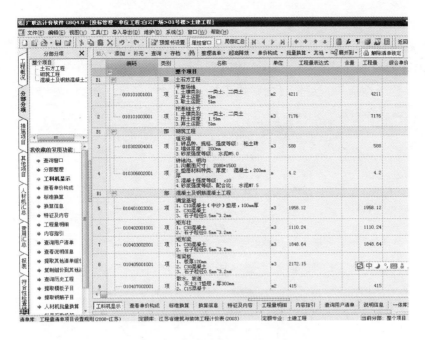

图 4-60　单位工程编辑主界面

提示：可以先到前面工程概况里面输入建筑面积，这样在报表中就可以体现单方造价，如图 4-61 所示。

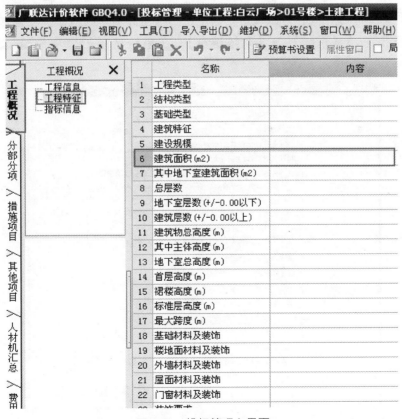

图 4-61　投标管理主界面

（三）套定额组价

在土建工程中，套定额组价通常采用的方式有以下五种。

1. 内容指引

选择平整场地清单，点击【内容指引】，选择 1-1 子目，如图 4-62 所示。

	编码	名称	单位	单价
1	1-98	平整场地	10m2	18.74
2	1-239	自卸汽车运土运距 < 1km	1000m3	7121.18
3	1-240	自卸汽车运土运距 < 3km	1000m3	11573.38
4	1-241	自卸汽车运土运距 < 5km	1000m3	13987.55
5	1-242	自卸汽车运土运距 < 7km	1000m3	16863.68
6	1-243	自卸汽车运土运距 < 10km	1000m3	20542.27
7	1-244	自卸汽车运土运距 < 13km	1000m3	25101.45

工料机显示　查看单价构成　标准换算　换算信息　特征及内容　工程量明细　内容指引　查询用户清单　说明信息　一体库查询

－ 平整场地

指引库：江苏省清单指引 003 定 ▼ 　选择

图 4-62　内容指引界面

点击【选择】，软件即可输入定额子目，输入子目工程量，如图 4-63 所示。

	编码	类别	名称	项目特征	规格型号	单位	工程量表达式	工程量
			整个项目					
B1	A.1	部	土石方工程					
1	010101001001	项	平整场地 1. 土壤类别：一类土、二类土 2. 弃土运距：5km 3. 取土运距：5km			m2	4211	4211
	1-1	定	人工土石方 场地平整	.		m2	5895.4	5895.4

图 4-63　输入定额子目界面

提示：清单项下面都会有主子目，其工程量一般和清单项的工程量相等，如果子目计量单位和清单项相同，可以设置定额子目工程量和清单项一致，设置方式如下。

点击下拉菜单【系统】→【系统选项】，在系统选项界面中设置，如图 4-64 所示。

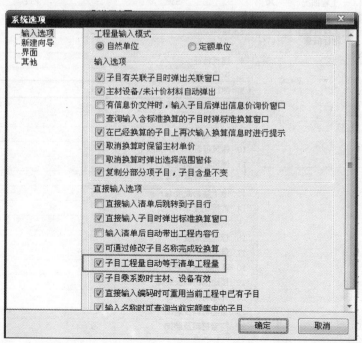

图 4-64　设置定额子目工程量和清单项一致界面

2. 直接输入

选择填充墙清单，点击【插入子目】，如图 4-65 所示。

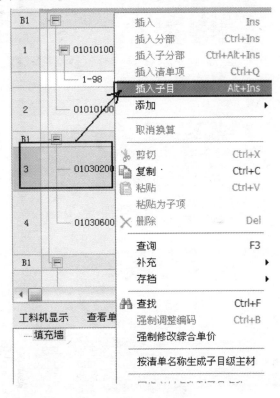

图 4-65 直接输入界面

在空行的编码列输入 3-38，工程量为 588。如图 4-66 所示。

| 3 | | ☐ 010302004001 | 项 | 填充墙
1.砖品种、规格、强度等级：黏土砖
2.墙体厚度：200mm
3.砂浆强度等级：水泥M5.0 | m3 | 588 | | | 588 | 167. |
| | | └── 3-38 | 定 | 1砖半标准砖炉渣填充墙(M5混合砂浆) | m3 | QDL | | 1 | 588 | 167. |

图 4-66 直接输入界面

提示：输入完子目编码后，敲击回车光标会跳格到工程量列，再次敲击回车软件会在子目下插入一空行，光标自动跳格到空行的编码列，这样能通过回车键快速切换。

3. 定额指引

选择填充墙清单，点击【插入子目】，如图 4-67 所示。

点击空白子目的编码行，会显示⋯，点击⋯，会显示出匹配该清单的定额子目，选择相应的定额即可，如图 4-68 所示。

4. 查询输入

选中 010401003001 满堂基础清单，点击【查询】→【查询定额】，选择相应的章节，选中 5-175 子目，点击【插入】，如图 4-69 所示。

5. 补充子目

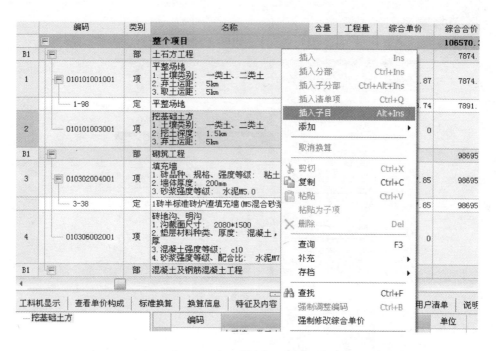

图 4-67　插入子目界面

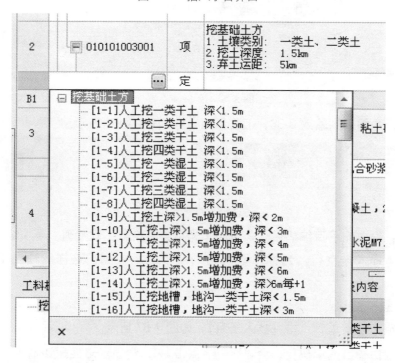

图 4-68　插入子目界面

选中挖基础土方清单，点击【补充】→【补充子目】，如图 4-70 所示。

在弹出的对话框中输入编码、专业章节、名称、单位、工程量和人材机等信息。点击确定，即可补充子目，如图 4-71 所示。（提示：注意右上角专业切换回建筑工程）

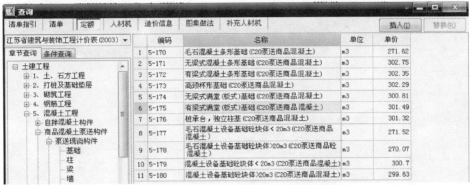

图 4-69 查询输入界面

图 4-70 补充子目界面　　　　　　　　　图 4-71 补充子目界面

（四）输入子目工程量

输入定额子目的工程量，如图 4-72 所示。

提示：补充清单项不套定额，直接给出综合单价。选中补充清单项的综合单价列，点击【其他】→【强制修改综合单价】，如图 4-73 所示。

在弹出的对话框中输入综合单价，如图 4-74 所示。

（五）换算

1. 系数换算

选中挖基础土方清单下的 1-1 子目，点击子目编码列，使其处于编辑状态，在子目编码后面输入□＊1.1，如图 4-75 所示。

	编码	类别	名称	项目特征	规格型号	单位	工程量表达式	工程量
			整个项目					
B1	A.1	部	土石方工程					
1	010101001001	项	平整场地 1. 土壤类别： 一类土、二类土 2. 弃土运距： 5km 3. 取土运距： 5km			m2	4211	4211
	1-1	定	人工土石方 场地平整			m2	5895.4	5895.4
2	010101003001	项	挖基础土方 1. 土壤类别： 一类土、二类土 2. 挖土深度： 1.5km 3. 弃土运距： 5km			m3	7176	7176
	1-17	定	机械土石方 机挖土方			m3	QDL	7176
	1-57	定	打钎拍底			m2	4211	4211
	补子目1	补	打地藕井			m3	497	497
B1	A.3	部	砌筑工程					
3	010302004001	项	填充墙 1. 砖品种、规格、强度等级： 陶粒空心砖墙，强度小于等于8km/m3 2. 墙体厚度： 200mm 3. 砂浆强度等级： 混合M5.0			m3	1832.16	1832.16
	4-42	定	砌块 陶粒空心砌块 框架间墙 厚度(mm)190			m3	QDL	1832.16
4	010306002001	项	砖地沟、明沟 1. 沟截面尺寸： 2080*1500 2. 垫层材料种类、厚度： 混凝土，200mm厚 3. 混凝土强度等级： c10 4. 砂浆强度等级、配合比： 水泥M7.5			m	4.2	4.2
	5-1	定	现浇混凝土构件 基础垫层C10			m3	1.83	1.83
	4-32	定	砌砖 砖砌沟道			m3	1.953	1.953
B1	A.4	部	混凝土及钢筋混凝土工程					
5	010401003001	项	满堂基础 1. C10混凝土（中砂）垫层，100mm厚 2. C30混凝土 3. 石子粒径0.5cm~3.2cm			m3	1958.12	1958.12
	5-1	定	现浇混凝土构件 基础垫层C10			m3	385.434	385.434
	5-4	定	现浇混凝土构件 满堂基础C25			m3	QDL	1958.12
6	010402001001	项	矩形柱 1. c35混凝土 2. 石子粒径0.5cm~3.2cm			m3	1110.24	1110.24
	5-17	定	现浇混凝土构件 柱 C30			m3	QDL	1110.24
7	010403002001	项	矩形梁 1. c30混凝土 2. 石子粒径0.5cm~3.2cm			m3	1848.64	1848.64
	5-24	定	现浇砼构件 梁 C30			m3	QDL	1848.64
8	010405001001	项	有梁板 1. 板厚120mm 2. c30混凝土 3. 石子粒径0.5cm~3.2cm			m3	2172.15	2172.15
	5-29	定	现浇混凝土构件 板 C30			m3	QDL	2172.15
9	010407002001	项	散水、坡道 1. 灰土3：7垫层，厚300mm 2. c15混凝土 3. 石子粒径0.5cm~3.2cm			m2	415	415
	1-1	定	垫层 灰土3：7			m3	124.5	124.5
	1-7	定	垫层 现场搅拌 混凝土			m3	24.9	24.9
10	B-1	补项	截水沟盖板 1. 材质：铸铁 2. 规格：50mm厚，300mm宽			m	35.3	35.3

图 4-72 输入子目工程量界面

软件就会把这条子目的单价乘以 1.1 的系数，如图 4-76 所示。

2. 标准换算

选中散水、坡道清单下的 12-173 子目，在下面属性窗口中点击【标准换算】，在下面标准换算界面选择 C15 普通混凝土，如图 4-77 所示。

点击水泥砂浆 1：2.5，则软件会把自动把子目换算为水泥砂浆 1：2.5，如图 4-78 所示。

说明：标准换算可以处理的换算内容包括：定额书中的章节说明、附注信息，混凝土、砂浆标号换算，运距、板厚换算。在实际工作中，大部分换算都可以通过标准换算来完成。

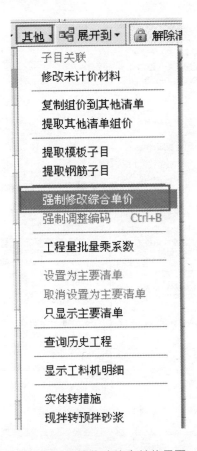

其他
展开到
解除清
子目关联
修改未计价材料
复制组价到其他清单
提取其他清单组价
提取模板子目
提取钢筋子目
强制修改综合单价
强制调整编码　Ctrl+B
工程量批量乘系数
设置为主要清单
取消设置为主要清单
只显示主要清单
查询历史工程
显示工料机明细
实体转措施
现拌转预拌砂浆

图 4-73　强制修改综合单价界面

强制修改综合单价
原综合单价:
0
调整综合单价为:
1765
保留组价内容
分摊到子目工程量
分摊到工料机含量
确定
取消

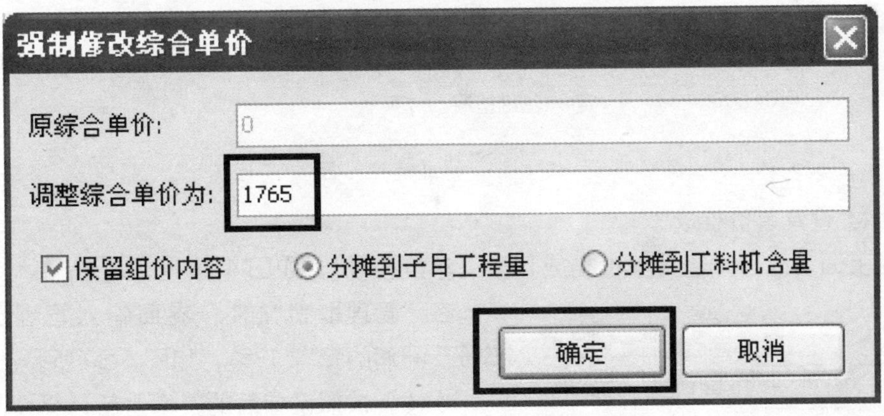

图 4-74　综合单价界面

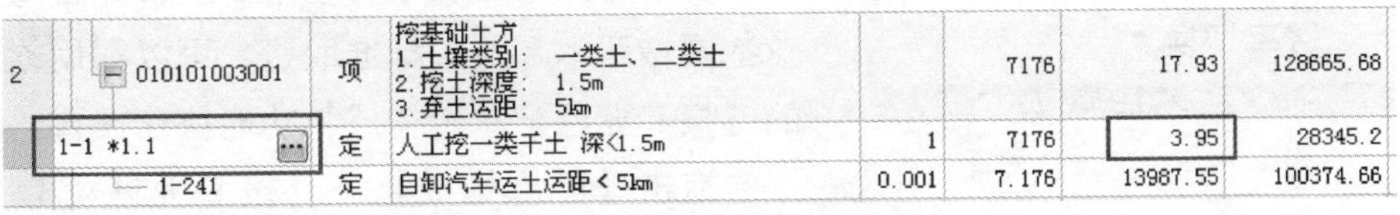

2
010101003001
项
挖基础土方
1. 土壤类别:　一类土、二类土
2. 挖土深度:　1.5m
3. 弃土运距:　5km
7176
17.93
128665.68
1-1 *1.1
定
人工挖一类干土 深<1.5m
1
7176
3.95
28345.2
1-241
定
自卸汽车运土运距<5km
0.001
7.176
13987.55
100374.66

图 4-75　系数换算界面

			挖基础土方 1、土壤类别：一类土、二类土 2、挖土深度：1.5m 3、弃土运距：5km		7176	18.32	131464.32
⊟ 010101003001		项					
1-1		换	人工挖一类干土 深<1.5m 子目乘以系数1.	1	7176	4.34	31143.84
1-241		定	自卸汽车运土运距< 5km	0.001	7.176	13987.55	100374.66

图 4-76　系数换算界面

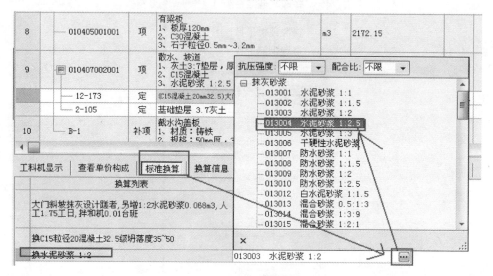

图 4-77　标准换算界面

9	⊟ 010407002001	项	散水、坡道 1、灰土3:7垫层，厚300mm 2、C15混凝土 3、水泥砂浆 1:2.5	m2	415
	— 12-173	换	(C15混凝土20mm32.5)大门混凝土斜坡换为 【水泥砂浆 1:2.5】	10m2	QDL
	— 2-105	定	基础垫层 3.7灰土	m3	

图 4-78　标准换算界面

(六) 设置单价构成

在上面功能区点击【单价构成】→【单价构成】，如图 4-79 所示。

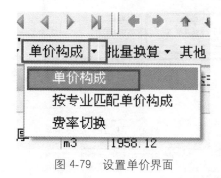

图 4-79　设置单价界面

在"管理取费文件"界面输入管理费费率 25% 及利润的费率 12%，如图 4-80 所示。

软件会按照设置后的费率重新计算清单的综合单价。

提示：如果工程中有多个专业，并且每个专业都要按照本专业的标准取费，可以利用软件中的【按专业匹配单价构成】功能快速设置。

点击【单价构成】→【按专业匹配单价构成】，如图 4-81 所示。

在"按专业匹配单价构成"界面点击【按专业自动匹配取费文件】，如图 4-82

	序号	费用代号	名称	计算基数	基数说明	费率(%)	费用类别	备注	是否输出
1	1	A	人工费	RGF	人工费		人工费		☑
2	2	B	材料费	CLF+ZCF+SBF	材料费+主材费+设备费		材料费		☑
3	3	C	机械费	JXF	机械费		机械费		☑
4	4	D	管理费	A+C-ZSCGRGF-FBRGF-FBJXF	人工费+机械费-装饰超高人工费-分包人工费-分包机械费	25	管理费		☑
5	5	E	利润	A+C-ZSCGRGF-FBRGF-FBJXF	人工费+机械费-装饰超高人工费-分包人工费-分包机械费	12	利润		☑
6	6	F	综合价	A+B+C+D+E	人工费+材料费+机械费+管理费+利润		工程造价		☑

图 4-80　设置单价界面

所示。

二、措施、其他清单组价等内容

(一)措施项目组价方式

措施项目的计价方式包括五种,分别为计算公式计价方式、定额计价方式、实物量计价方式、子措施组价、清单组价,这五种方式可以互相转换,由于江苏范围内用得最多的是前两种方式,后两种就不再介绍。

点击组价内容,如图 4-83 所示。

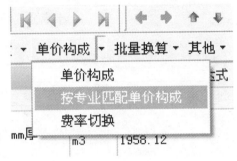

图 4-81　按专业匹配单价构成界面

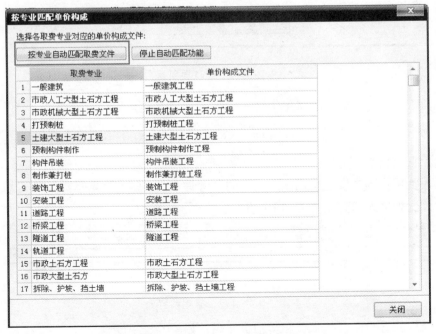

图 4-82　按专业匹配取费界面

图 4-83 计算公式
组价界面

选择现场安全文明施工措施项，在组价方式一列，点击当前的计价方式下拉框，选择计算公式组价方式。如图 4-84 所示。

在弹出的的确认界面点击【是】，如图 4-85 所示。

提示：如果当前措施项已经组价，切换计价方式会清除已有的组价内容。

通过以上方式就把现场安全文明施工措施项的计价方式由子措施组价修改为计算公式组价方式，如图 4-86 所示。

用同样的方式设置其他措施项的计价方式。

（二）措施项目组价

1. 计算公式组价方式

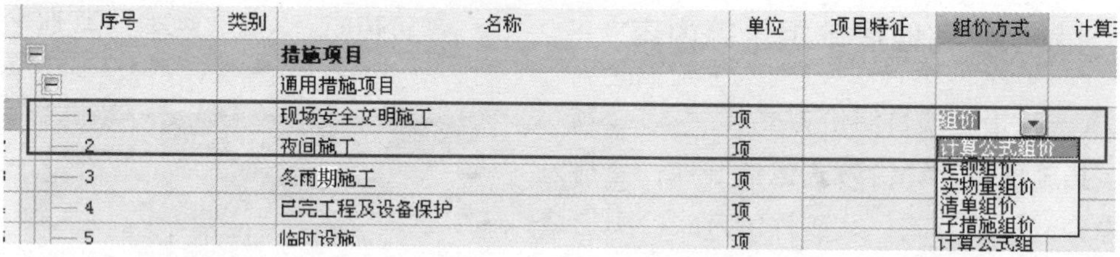

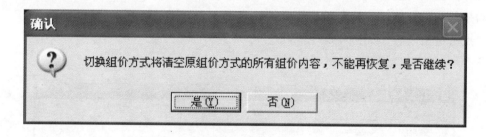

图 4-84 计算公式组价界面

图 4-85 确认界面

| 1 | — 1 | | 现场安全文明施工 | 项 | | 计算公式组 |

图 4-86 计算公式组价界面

（1）直接输入

输入费用：选中安全文明施工项下的"考评费"，在"计算基数"列可以直接输入数字，比如输入 7500，如图 4-87 所示。

1	— 1		现场安全文明施工	项		计算公式组	
2	— 1.1		基本费	项		计算公式组	
3	— 1.2		考评费	项		计算公式组	7500
4	— 1.4		奖励费	项		计算公式组	

图 4-87 计算公式组价界面

以同样的方式设置基本费和奖励费费用，如图 4-88 所示。

1	□ 1	现场安全文明施工	项		计算公式组		
2	1.1	基本费	项		计算公式组	9000	
3	1.2	考评费	项		计算公式组	7500	
4	1.4	奖励费	项		计算公式组	10400	

图 4-88　计算公式组价界面

(2) 按取费基数输入

选择临时设施措施项，在组价内容界面点击计算基数后面的小三点按钮 [...]，在弹出的费用代码查询界面选择分部分项合计，然后点击【选择】，如图 4-89 所示。

	费用代码	费用名称	费用金额
1	FDFXHJ	分部分项合计	780955.37
2	ZJF	分部分项直接费	723723.58
3	RGF	分部分项人工费	63824.72
4	CLF	分部分项材料费	569125.25
5	JXF	分部分项机械费	90773.61
6	SBF	分部分项设备费	0
7	ZCF	分部分项主材费	0
8	GR	工日合计	2545.5726
9	JGRGF	甲供人工费	0
10	JGCLF	甲供材料费	1326.39
11	JGJXF	甲供机械费	0
12	JGSBF	甲供设备费	0
13	JGZCF	甲供主材费	0
14	JDRGF	甲定人工费	0

图 4-89　取费基数组价界面

输入费率为 1.5%，软件会计算出临时设施的费用，如图 4-90 所示。

8	4	已完工程及设备保护	项		计算公式组		0		0	
9	5	临时设施	项		计算公式组	FDFXHJ	1.5	11714.33		11714.3
10	6	材料与设备检验试验	项		计算公式组		0		0	

图 4-90　取费基数组价界面

2. 定额组价方式

(1) 混凝土模板

选择混凝土模板措施项，点击【提取模板子目】，如图 4-91 所示。

在模板类别列选择相应的模板类型，点击【确定】，如图 4-92 所示。

在措施界面查看提取的模板子目，如图 4-93 所示。

提示：定额中的模板含量普遍偏高，在实际工程中经常需要下调。

再次点击【提取模板子目】，在提取模板子目界面修改模板系数，然后点击确定，如图 4-94 所示。

(2) 直接套定额

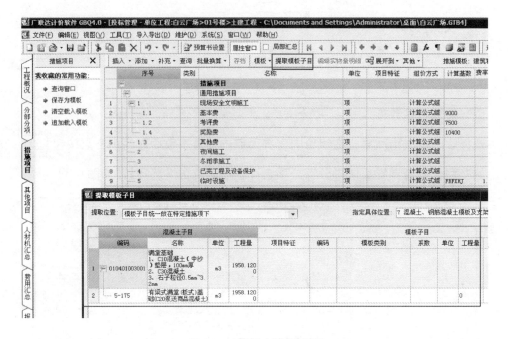

图 4-91　混凝土模板界面

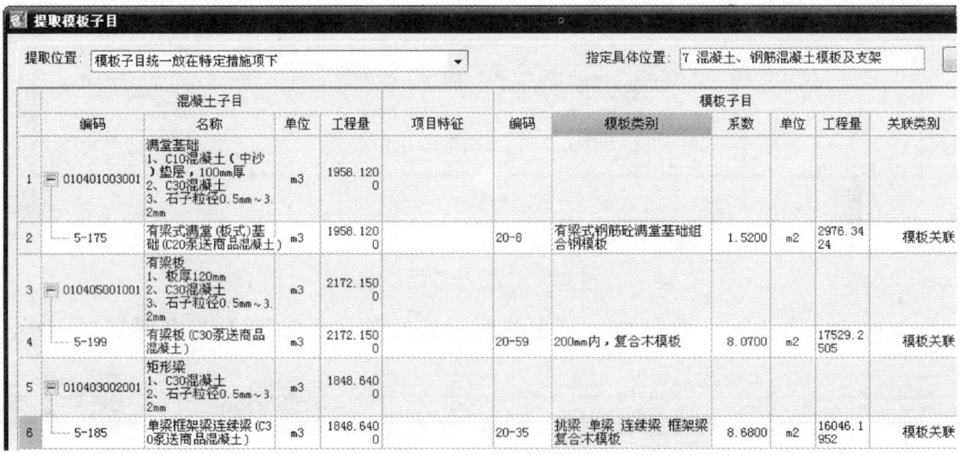

图 4-92　混凝土模板界面

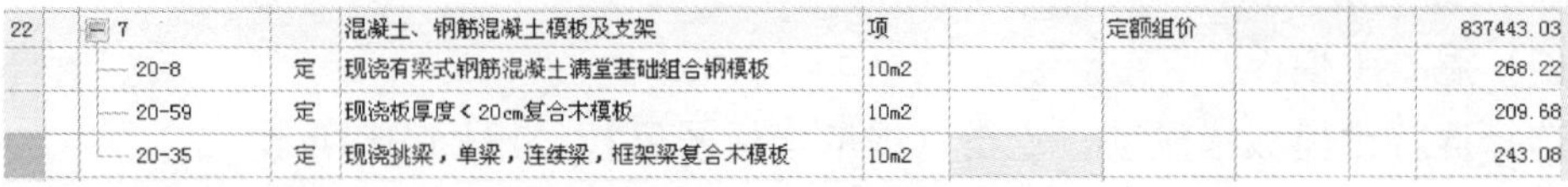

22	7		混凝土、钢筋混凝土模板及支架	项		定额组价		837443.03
	20-8	定	现浇有梁式钢筋混凝土满堂基础组合钢模板	10m2				268.22
	20-59	定	现浇板厚度＜20cm复合木模板	10m2				209.68
	20-35	定	现浇挑梁，单梁，连续梁，框架梁复合木模板	10m2				243.08

图 4-93　混凝土模板界面

　　脚手架：选择脚手架措施项，点击【查询】，在弹出的对话框中选择相应的脚手架定额，双击选择，然后再措施界面输入工程量为 3600m²，如图 4-95 所示。

　　垂直运输机械：用以上同样的方式输入 22-2 子目，工程量为 3600m²，如图 4-96 所示。

提取模板子目

提取位置：模板子目统一放在特定措施项下　　　　指定具体位置：7 混凝土、钢筋混凝土模板及支架

	混凝土子目					模板子目					
	编码	名称	单位	工程量	项目特征	编码	模板类别	系数	单位	工程量	关联类别
1	010401003001	满堂基础 1、C10混凝土（中沙）垫层，100mm厚 2、C30混凝土 3、石子粒径0.5mm~3.2mm	m3	1958.1200							
2	5-175	有梁式满堂(板式)基础(C20泵送商品混凝土)	m3	1958.1200		20-8	有梁式钢筋砼满堂基础組合钢模板	1.5200	m2	2976.3424	模板关联
3	010405001001	有梁板 1、板厚120mm 2、C30混凝土 3、石子粒径0.5mm~3.2mm	m3	2172.1500							
4	5-199	有梁板(C30泵送商品混凝土)	m3	2172.1500		20-59	200mm内，复合木模板	8.0700	m2	17529.2505	模板关联
5	010403002001	矩形梁 1、C30混凝土 2、石子粒径0.5mm~3.2mm	m3	1848.6400							
6	5-185	单梁框架梁连续梁(C30泵送商品混凝土)	m3	1848.6400		20-35	挑梁 单梁 连续梁 框架梁复合木模板	8.6800	m2	16046.1952	模板关联

图 4-94　混凝土模板界面

23	8		脚手架	定额组价			1	6304.1	6304
	19-9	定	满堂脚手架(8m以上每+2m)				360	17.52	6307

图 4-95　直接套定额界面

	序号	类别	名称	单位	组价方式	计算	费率(	工程量	综合单价	综合合
5	1.3		其他费	项	计算公式組			1	0	
6	2		夜间施工	项	计算公式組		0	1	0	
7	3		冬雨季施工	项	计算公式組		0	1	0	
8	4		已完工程及设备保护	项	计算公式組		0	1	0	
9	5		临时设施	项	计算公式組	FBFXH	1.5	1	32652.48	326
10	6		材料与设备检验试验	项	计算公式組		0	1	0	
11	7			项	计算公式組		0	1	0	
12	8		赶工措施	项	计算公式組		0	1	0	
13	9		工程按质论价	项	计算公式組		0	1	0	
14	1		二次搬运	项	定额組价			1	0	
15	2		大型机械设备进出场及安拆	项	定额組价			1	0	
16	3		施工排水	项	定额組价			1	0	
17	4		施工降水	项	定额組价			1	0	
18	5		地上、地下设施，建筑物的临时保护设施	项	定额組价			1	0	
19	6		特殊条件下施工增加	项	定额組价			1	0	
			专业工程措施项目							16817
20	10		住宅工程分户验收	项	计算公式組		0	1	0	
21	11		室内空气污染测试	项	计算公式組		0	1	0	
22	7		混凝土、钢筋混凝土模板及支架	项	定额組价			1	837443.03	8374
	20-8	定	现浇有梁式钢筋砼满堂基础組合钢模板	10m2				297.6342	268.22	798
	20-59	定	现浇板厚度＜20cm复合木模板	10m2				1752.925	209.68	3675
	20-35	定	现浇挑梁，单梁，连续梁，框架梁复合木模板	10m2				1604.619	243.08	3900
23	8		脚手架	项	定额組价			1	6304.1	6
	19-9	定	满堂脚手架(8m以上每+2m)	10m2				360	17.52	6
24	9		垂直运输机械	项	定额組价			1	838045.44	8380
	22-2	定	建筑物垂直运输卷扬机施工砖混结构檐高＜30m，7-10层	天				3600	232.79	8

图 4-96　直接套定额界面

(三) 其他项目清单

投标人部分没有发生费用。在左边的导航栏，选中“总承包服务费”，在右边的界面内输入总承包服务费的名称、金额、服务内容、费率，如图 4-97 所示。

费率默认为空即是代表 100%。

(四) 人材机汇总

1. 载入造价信息

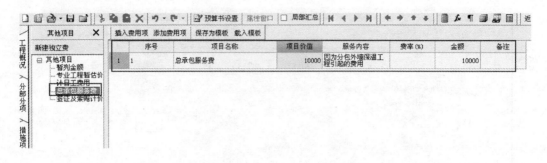

图 4-97　其他项目清单界面

在人材机汇总界面，选择材料表，点击【载入市场价】，如图 4-98 所示。

在"载入市场价"界面，选择"南京 2010 年 2 月信息价江苏省建筑与装饰工程计价表"，点击【确定】，如图 4-99 所示。

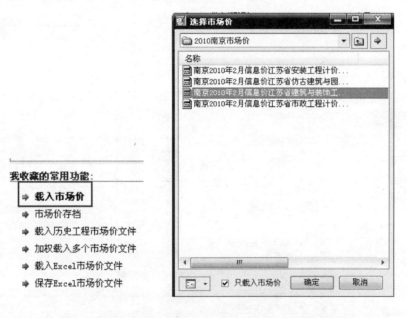

图 4-98　载入市场价界面　　　　图 4-99　载入市场价界面

软件会按照信息价文件的价格修改材料市场价，如图 4-100 所示。

2. 直接修改材料价格

直接修改红机砖材料的市场价格为 22 元/100 块，如图 4-101 所示。

3. 设置甲供材

设置甲供材料有两种，逐条设置或批量设置。

(1) 逐条设置：

选中水泥材料，单击供货方式单元格，在下拉选项中选择"完全甲供"，如图 4-102 所示。

(2) 批量设置：

通过拉选的方式选择多条材料，如图 4-103 所示。

	编码	类别	名称	规格型号	单位	数量	预算价	市场价	市场价合计	价差
2	012006	浆	混合砂浆	M5	m3	106.428	127.22	135.85	14458.24	8.6
3	013004	浆	水泥砂浆	1:2.5	m3	8.5075	199.26	202.48	1722.6	3.2
4	101022	材	中砂		t	214.42255	38	40	8576.9	
5	102040	材	碎石	5-16mm	t	9.545	27.8	27.8	265.35	
6	102041	材	碎石	5-20mm	t	40.93809	35.6	36	1473.77	0.
7	102042	材	碎石	5-40mm	t	104.165	35.1	35.1	3656.19	
8	105012	材	石灰膏		m3	8.51424	108	175.63	1495.36	67.6
9	106013	材	炉(矿)渣		m3	110.544	28.5	28.5	3150.5	
10	201008	材	标准砖	240*115*53mm	百块	2587.2	21.42	21.42	55417.82	
11	301023	材	水泥	32.5级	kg	35897.891	0.28	0.28	10051.41	
12	303081	商混凝土	商品混凝土C20(泵送)		m3	1997.2824	269	269	537268.97	
13	401035	材	周转木材		m3	0.1176	1249	1249	146.88	
14	511533	材	铁钉		kg	1.176	3.6	5.25	6.17	1.6
15	605155	材	塑料薄膜		m2	2702.2056	0.86	0.86	2323.9	

图 4-100 载入市场价界面

7	102042	材	碎石	5-40mm	t	104.165	35.1	35.1	3656.19
8	105012	材	石灰膏		m3	8.51424	108	175.63	1495.36
9	106013	材	炉(矿)渣		m3	110.544	28.5	28.5	3150.5
10	201008	材	标准砖	240*115*53mm	百块	2587.2	21.42	22	56918.4
11	301023	材	水泥	32.5级	kg	35897.891	0.28	0.28	10051.41
12	303081	商混凝土	商品混凝土C20(泵送)		m3	1997.2824	269	269	537268.97
13	401035	材	周转木材		m3	0.1176	1249	1249	146.88

图 4-101 直接修改材料价格界面

	编码	类别	名称	规格型号	单位	数量	预算价	市场价	价差	供货方式
1	02001	材	水泥	综合	kg	3119118.72	0.366	0.34	-0.026	完全甲供

图 4-102 设置甲供材料界面

	编码	类别	名称	规格型号	单位	数量	预算价	市场价	价差	供货方式
1	02001	材	水泥	综合	kg	3119118.72	0.366	0.34	-0.026	完全甲供
2	04001	材	红机砖		块	1053.8388	0.177	0.23	0.053	自行采购
3	04023	材	石灰		kg	34444.61	0.097	0.14	0.043	自行采购
4	04025	材	砂子		kg	5388347.05	0.036	0.049	0.013	自行采购

图 4-103 设置甲供材料界面

右键选择【批量修改】，在弹出的界面中点击"设置值"下拉选项，选择为完全甲供，点击【确定】退出，如图 4-104 所示。

点击【确定】。其设置结果如图 4-105 所示。

4. 新建人材机表

新建"常用材料表"。

在人材机汇总界面，在导航栏中选择"新建"，如图 4-106 所示。

在【新建人材机分类表】界面，分类表类别选择<u>自定义类别</u>，如图 4-107 所示。

软件会自动弹出对话框，在【人材机类别】选择【材料费】，点击【下一步】。如图 4-108 所示。

选择【选定人材机】，勾选需要的项，点击下一步，如图 4-109 所示。

预览人材机列表，点击完成，如图 4-110 所示。

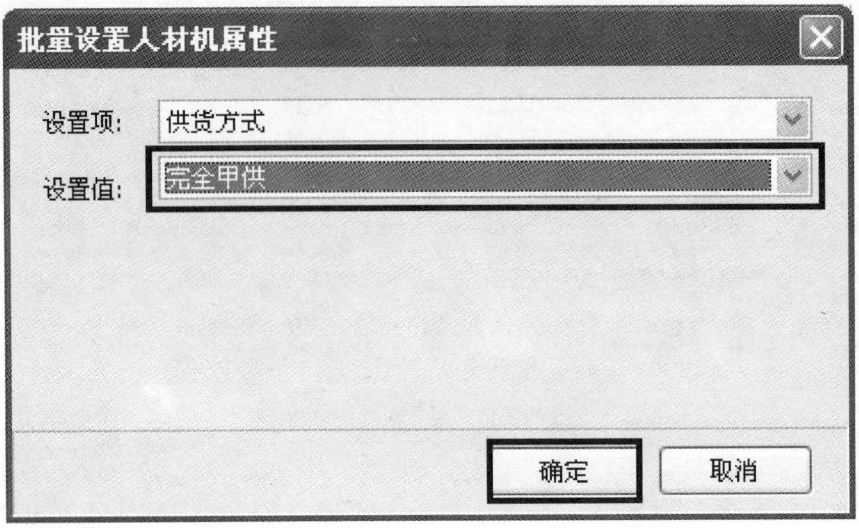

图 4-104　设置甲供材料界面

	编码	类别	名称	规格型号	单位	数量	预算价	市场价	价差	供货方式
1	02001	材	水泥	综合	kg	3119118.72	0.366	0.34	-0.026	完全甲供
2	04001	材	红机砖		块	1053.8388	0.177	0.23	0.053	自行采购
3	04023	材	石灰		kg	34444.61	0.097	0.14	0.043	自行采购
4	04025	材	砂子		kg	5388347.05	0.036	0.049	0.013	完全甲供
5	04026	材	石子	综合	kg	8974999.42	0.032	0.042	0.01	完全甲供
6	04037	材	陶粒混凝土空心		m3	1579.3219	120	145	25	自行采购
7	04048	材	白灰		kg	28418.37	0.097	0.14	0.043	自行采购

图 4-105　设置甲供材料界面

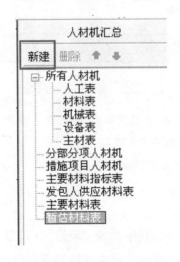

图 4-106　新建人材机界面

回到【新建人材机分类表】界面，输入分类表名称为"常用材料表"，勾选"输出报表"，这样在报表界面就会生成一张新的报表为"常用材料表"，如果需要打印这张表，则把"输出报表"勾上，点击"确定"，如图 4-111 所示。

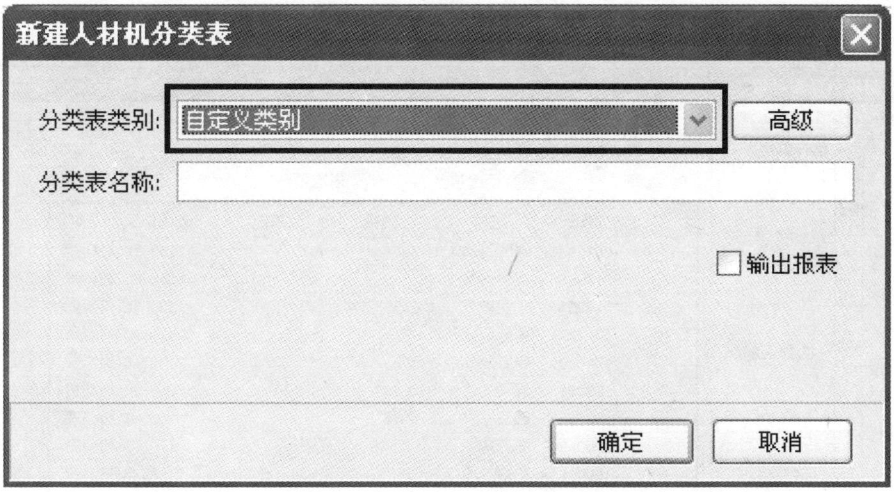

图 4-107 新建人材机分类表界面

图 4-108 人材机分类表界面

回到人材机汇总界面，就会出现新建的"常用材料表"，选中后右方显示表的内容，其他操作同已有表，如图 4-112 所示。

（五）甲方材料

1. 甲供材料表

新建"甲供材料表"。

在人材机汇总界面，在导航栏中选择"新建"，如图 4-113 所示。

在【新建人材机分类表】界面，分类表类别选择自定义类别，如图 4-114 所示。

图 4-109　选定人材机界面

图 4-110　人材机分类表界面

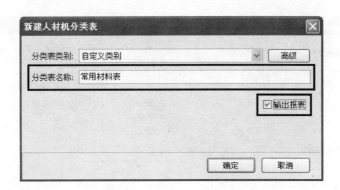

图 4-111 新建人材机分类表界面

图 4-112 常用材料表界面

图 4-113 新建"甲供材料表"界面

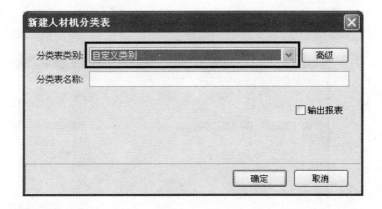

图 4-114 新建人材机分类表界面

软件会自动弹出对话框,在【人材机类别】选择【材料费】,供应方式选择"完全甲供",点击【下一步】,如图 4-115 所示。

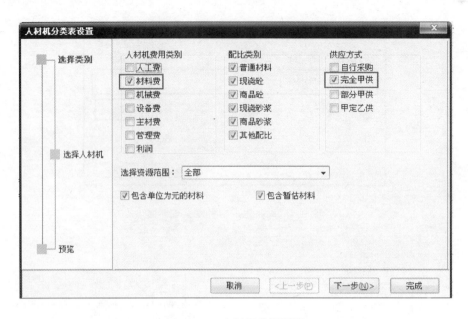

图 4-115　人材机类别界面

勾选"选定人才机"，选中甲供的材料，点击"完成"，回到【新建人材机分类表】界面，输入分类表名称为"甲供材料表"，勾选"输出报表"，这样在报表界面就会生成一张新的报表为"甲供材料表"，如果需要打印这张表，则把"输出报表"勾上，点击"确定"。

2. 主要材料表

(1) 点主要材料表中设置主要材料表界面。

(2) 点自动设置主要材料表如图 4-116 所示。

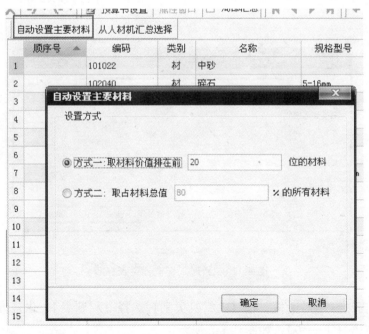

图 4-116　主要材料表界面

（3）选择方式一：取材料价值排在前 20 的材料为主要材料。

（六）费用汇总

1. 查看费用

点击【费用汇总】，
如图 4-117 所示。

图 4-117 费用汇总

查看及核实费用汇总表，如图 4-118 所示。

	序号	费用代号	名称	计算基数	基数说明	费率(%)	金额	费用类别
1	一	A	分部分项工程量清单计价合计	FBFXHJ	分部分项合计	100	3,004,388.	分部分项合计
2	二	B	措施项目清单计价合计	CSXMHJ	措施项目合计	100	1,200,037.	措施项目合计
3	三	C	其他项目清单计价合计	QTXMHJ	其他项目合计	100	100,000.00	其他项目合计
4	四	D	规费	D1+D2+D3+D4	列入规费的人工费部分+列入规费的现场经费部分+列入规费的企业管理费部分+其他	100	239,501.33	规费
5	1	D1	列入规费的人工费部分	GF_RGF	人工费中规费	100	140,870.25	
6	2	D2	列入规费的现场经费部分	GF_XCJF	现场经费中规费	100	27,147.67	
7	3	D3	列入规费的企业管理费部分	GF_QYGLF	企业管理费中规费	100	71,483.41	
8	4	D4	其他			100	0.00	
9	五	E	税金	A+B+C+D	分部分项工程量清单计价合计+措施项目清单计价合计+其他项目清单计价合计+规费	3.4	154,493.54	税金
10		F	含税工程造价	A+B+C+D+E	分部分项工程量清单计价合计+措施项目清单计价合计+其他项目清单计价合计+规费+税金	100	4,698,421.12	合计

图 4-118 查看及核实费用汇总界面

2. 工程造价调整

如果工程造价与预想的造价有差距，
可以通过工程造价调整的方式快速调整。

回到分部分项界面，点击【工具】→
【调整人材机单价】，如图 4-119 所示。

图 4-119 调整人材机单价界面

在调整人材机单价界面，输入材料的调整系数为 0.9，然后点击【预览】，如图
4-120 所示。

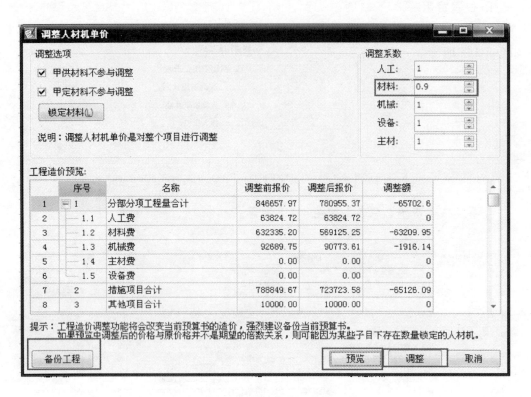

图 4-120　调整人材机界面

提示：注意备份原来工程，点击【确定】后，工程造价将会进行调整。

点击【确定】，软件会重新计算工程造价，如图 4-121 所示。

	序号	费用代号	名称	计算基数	基数说明	费率(%)	金额
1	1	F1	分部分项工程	FBFXHJ	分部分项合计		780,955.37
2	2	F2	措施项目	CSXMHJ	措施项目合计		723,723.58
3	2.1	F3	安全文明施工费	AQWMSGF	安全及文明施工措施费		723,723.58
4	3	F4	其他项目	QTXMHJ	其他项目合计		10,000.00
5	3.1	F5	暂列金额	暂列金额	暂列金额		0.00
6	3.2	F6	专业工程暂估价	专业工程暂估价	专业工程暂估价		0.00
7	3.3	F7	计日工	计日工	计日工		0.00
8	3.4	F8	总承包服务费	总承包服务费	总承包服务费		10,000.00
9	4	F9	规费	F10+F11+F12+F13	工程排污费+建筑安全监督管理费+社会保障费+住房公积金		57,406.33
10	4.1	F10	工程排污费	F1+F2+F4	分部分项工程+措施项目+其他项目	0.1	1,514.68
11	4.2	F11	建筑安全监督管理费	F1+F2+F4	分部分项工程+措施项目+其他项目	0.19	2,877.89
12	4.3	F12	社会保障费	F1+F2+F4	分部分项工程+措施项目+其他项目	3	45,440.37
13	4.4	F13	住房公积金	F1+F2+F4	分部分项工程+措施项目+其他项目	0.5	7,573.39
14	5	F14	税金	F1+F2+F4+F9	分部分项工程+措施项目+其他项目+规费	3.44	54,079.73
15	6	F15	工程造价	F1+F2+F4+F9+F14	分部分项工程+措施项目+其他项目+规费+税金		1,626,165.01

图 4-121　工程造价调整界面

（七）报表

在导航栏点击【报表】，软件会进入报表界面，选择报表类别为"投标方"，如图 4-122 所示。

图 4-122　报表界面

选择"分部分项工程量清单与计价表"，显示如图4-123所示。

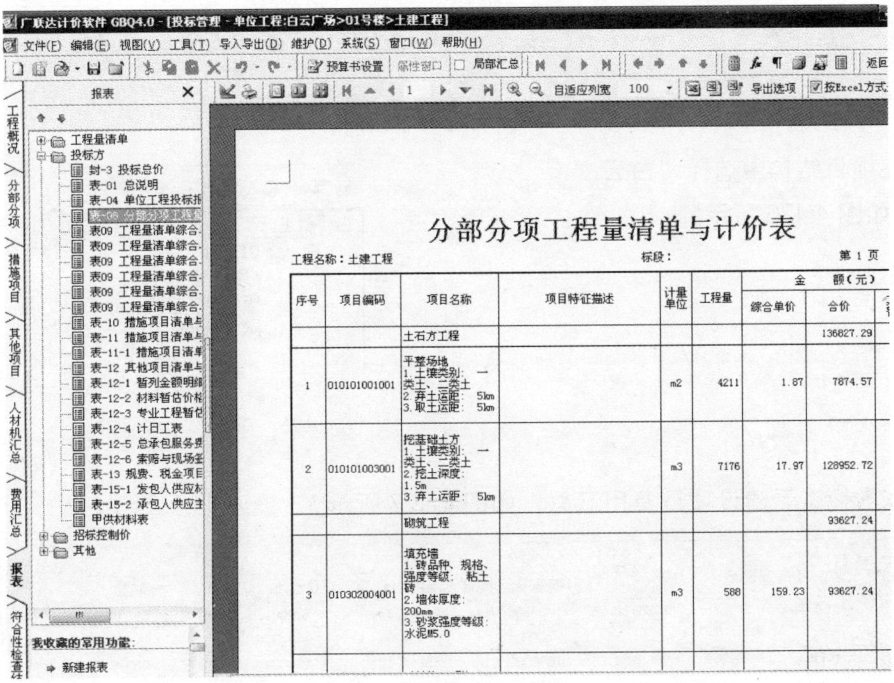

图 4-123　报表显示界面

（八）保存、退出

通过以上操作，完成了土建单位工程的计价工作，点击 $\boxed{\text{凹}}$ ，然后点击 $\boxed{\times}$ ，回到投标管理主界面。

三、 汇总、 定价

（一）汇总报价

土建、给排水工程编制完毕后，可以在投标管理查看投标报价。由于软件采用了建设项目、单项工程、单位工程三级结构管理，所以可以很方便地查看各级结构的工程造价。

在项目结构中选择"01号楼"，如图4-124所示。

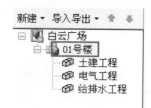

图 4-124　项目结构界面

在右侧查看单项工程费用汇总，如图 4-125 所示。

	序号	名称	金额	其中					占造价比例(%)
				分部分项合计	措施项目合计	其他项目合计	规费	税金	
1	一	土建工程	878052.61	780955.37	26900	10000	30996.73	29200.51	42.72
2	二	电气工程	0	0	0	0	0	0	0
3	三	给排水工程	1177085.6	1055426.64	38766.13	12000	31747.73	39145.15	57.28
4									
5		合计	2055138.2	1836382.01	65666.13	22000	62744.46	68345.66	

图 4-125　单项工程费用汇总界面

在项目结构中选择"白云广场"，如图4-126所示。

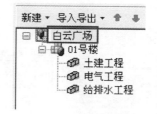

图 4-126　项目结构界面

在右侧查看建设项目费用汇总，如图4-127所示。

	序号	名称	金额	其中					占造价比例(%)
				分部分项合计	措施项目合计	其他项目合计	规费	税金	
1	一	01号楼	2055138.26	1836382.01	65666.13	22000	62744.46	68345.66	100
2									
3		合计	2055138.26	1836382.01	65666.13	22000	62744.46	68345.66	

图 4-127　查看建设项目费用汇总界面

提示：本项目只有一个单项工程，所以上图的"占造价比例"为100%，如果包含多个单项工程，软件会计算各单项工程的造价比例。

（二）统一调整人材机单价

点击【统一调整人材机单价】，如图4-128所示。

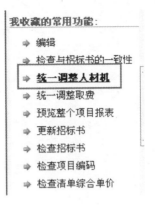

图4-128 统一调整人材机单价

在弹出的"调整设置范围"界面中点击【确定】，如图4-129所示。

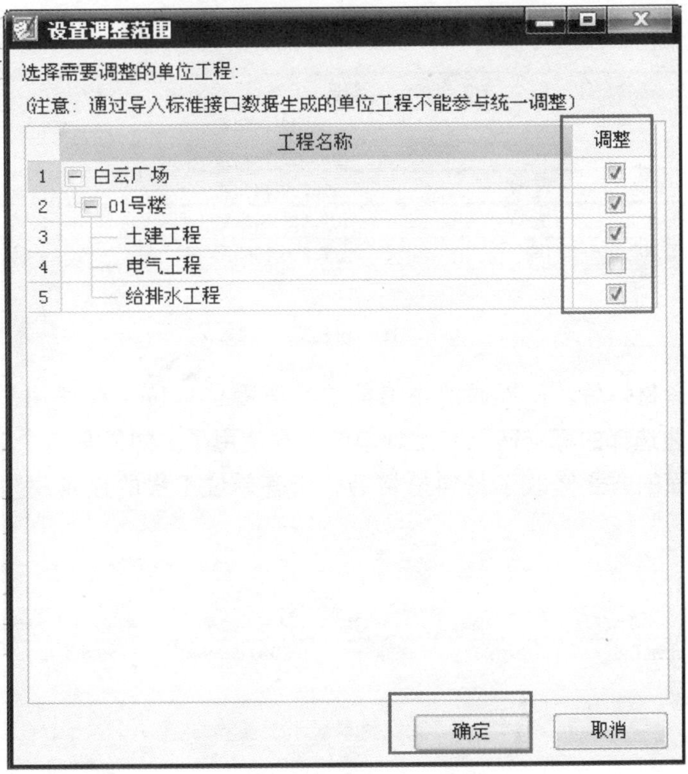

图4-129 调整设置范围

软件会进入统一调整人材机
界面，在人材机分类中选择"材
料"，如图 4-130 所示。

图 4-130　人材机分类界面

在右侧界面修改标准砖 240×115×53mm 的价格为 22，如图 4-131 所示。

	名称	规格型号	单位	数量	类别	预算价	市场价	
1	C15粒径20砼3		m3	34.03	材料费	157.94	144.13	
2	泵管摊销费		元	489.53	材料费	1	0.9	
3	标准砖	240*115*53mm	百块	2587.2	材料费	21.42	22	
4	草袋子	1*0.7m	m2	101.675	材料费	1.43	1.287	
5	弹簧压力表	Y-100 0~1.6	块	7.236	材料费	34.64	34.64	

图 4-131　材料分类界面

提示：选择材料后，在界面的下方能显示有哪些单位工程使用了该材料，如图
4-132 所示。上述选择的标准砖只有土建单位工程使用了。如果有多个单位工程使用了
该材料，以上面的方式修改了材料价格后，所有单位工程的该条材料价格都会被修
改。

	项目	单位工程	编码	名称	规格型号	数量	市场价	市场价合计
1	01号楼	土建工程	201008	标准砖	240*115*53mm	2587.2	22	56918.4

图 4-132　材料显示工程界面

点击 ▆重新计算 →【确定】，然后点击【关闭】返回主界面，软件会按修改后
的价格重新汇总投标报价，关闭返回主界面，选择 01 号楼，查看价格变化如图 4-133
所示。

	序号	名称	金额	其中					占造价比例(%)
				分部分项合计	措施项目合计	其他项目合计	规费	税金	
1	一	土建工程	884163.39	786647.21	26900	10000	31212.45	29403.73	42.89
2	二	电气工程	0	0	0	0	0	0	0
3	三	给排水工程	1177085.6	1055426.64	38766.13	12000	31747.73	39145.15	57.11
4									
5		合计	2061249.0	1842073.85	65666.13	22000	62960.18	68548.88	

图 4-133　价格变化界面

（三）符合性检查

通过符合性检查功能能检查投标人是否误修改了招标人提供的工程量清单。

点击【检查与招标书一致性】，如图 4-134 所示。

如果没有符合性错误，软件会提示没有错误，如图 4-135 所示。

图 4-134　符合性检查界面　　　　　　　　　图 4-135　符合性检查界面

提示：如果检查到有不符合的项，软件会弹出界面提示具体的不符合项，如图 4-136所示。

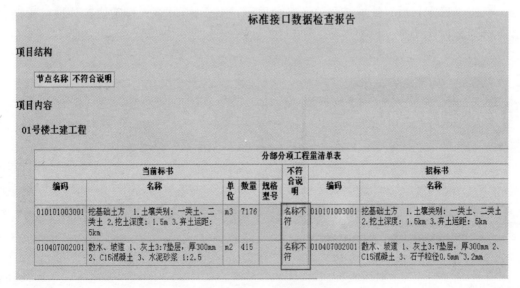

图 4-136　符合性检查界面

接下来需要修改不符合项，首先进入单位工程编辑主界面，点击导航栏【符合性检查结果】，选中需要修改的项，点击【更正错项】，如图 4-137 所示。

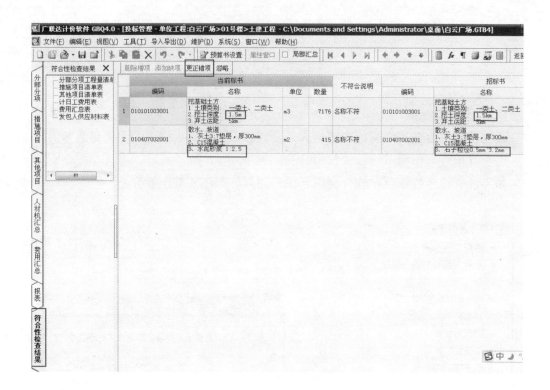

图 4-137 更正项界面

软件会弹出选择更正项界面，由于此清单项是数量需要修改，勾选名称，如图 4-138所示。

点击【确定】后，处理结果单元格会显示"更正错项"，光标定位在处理结果时，软件会显示备注信息，如图 4-139 所示。

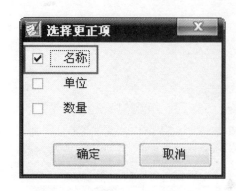

图 4-138 更正项界面

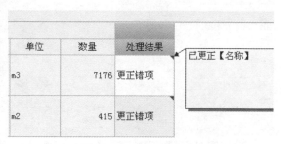

图 4-139 更正项界面

（四）投标书自检

回到投标项目管理界面，点击【发布投标书】→【投标书自检】，如图4-140所示。

图 4-140　投标书自检界面

设置要选择的项，如图4-141所示。

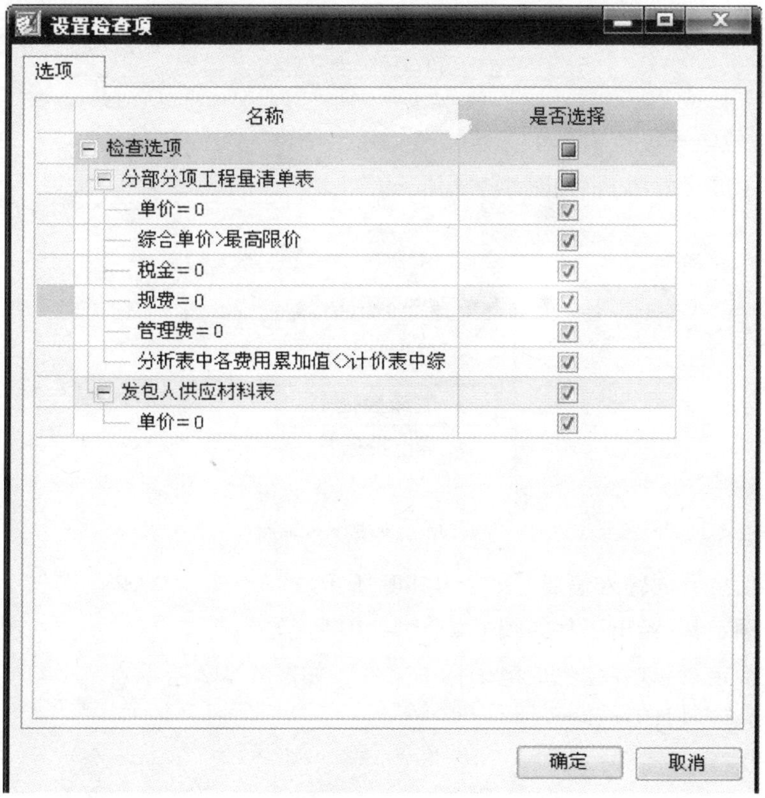

图 4-141　设置要选择的项界面

如果没有错误，软件提示
如图 4-142 所示。

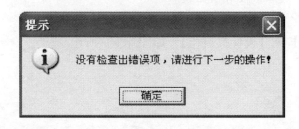

图 4-142　软件提示界面

如果检查出错误，软件会弹出界面提示具体的不符合项，如图 4-143 所示。

图 4-143　软件提示界面

（五）生成电子投标书

点击【生成投标书】，如图 4-144 所示。

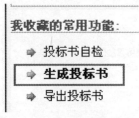

图 4-144　收藏功能界面

在投标信息界面输入信息，如图 4-145 所示。

点击【确定】，给出工程的编号如图 4-146 所示。

点击【确定】，软件会生成电子标书文件，如图 4-147 所示。

（六）预览、打印报表

同招标文件。

（七）刻录/导出电子投标书

同招标文件。

图 4-145　生成投标书界面

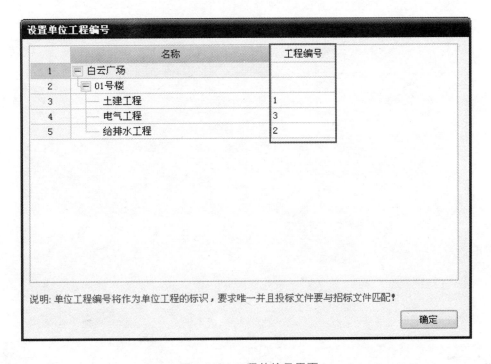

图 4-146　工程的编号界面

名称	版本	修改时间
白云广场001[2010-6-30 14：13]	1 [2010-6-30 14：13]	

图 4-147　电子标书界面

【任务】：上机分组编制徐州建筑学院家属区围合工程 1 号、2 号、3 号传达室其工程量清单计价文件。

小结

项目四分 3 个单元进行介绍，具体内容如下：

1. 计价软件构成及应用流程，软件操作流程，这是应用计价软件的基础。

2. 应用计价软件编制工程量清单。从新建招标项目；编制土建工程分部分项工程量清单；编制土建工程措施项目、其他项目清单等内容；生成电子招标书等四方面进行了详细的介绍。这是应用计价软件的重点。

3. 应用计价软件编制工程量清单计价。从新建投标项目；土建分部分项工程组价；措施、其他清单组价等内容；汇总、定价等四方面进行了详细的介绍。这是应用计价软件的重点。

实训相关资料

附录一　苏建价［2009］40 号

江苏省建设厅文件

苏建价［2009］40 号

关于《建设工程工程量清单计价规范》
（GB 50500—2008）的贯彻意见

各省辖市建设局（建委），省各有关厅（局）：

为进一步推进工程量清单计价改革，完善市场形成工程造价的机制，根据住房和城乡建设部发布的《建设工程工程量清单计价规范》（GB 50500—2008）（以下简称"08 规范"），结合我省实际情况，现就执行 08 规范的有关问题提出如下意见，请遵照执行。

一、08 规范的执行要点

1.08 规范认真总结了工程量清单计价改革成果，充分吸收了近年来工程建设管理法律、法规的相关内容，是对工程量清单计价全过程进行规范的国家标准。严格执行 08 规范对进一步推进工程量清单计价改革有着重要意义。各市、县（市）建设行政主管部门、各级造价管理机构要高度重视，统筹安排，结合本地实际，认真组织宣贯，切实按本意见抓好 08 规范的执行。

2. 全部使用国有资金投资或国有资金投资为主的建筑、装饰、市政、安装、园林工程建设项目，必须采用工程量清单计价。实行招标发包的非国有资金投资的工程建设项目，应采用工程量清单计价。对于不采用工程量清单计价方式的工程建设项目，除不执行工程量清单等专门性规定外，08 规范规定的工程价款调整、工程计量和价款支付、索赔与现场签证、竣工结算以及工程造价争议处理等的其他条文仍应执行。

3. 工程量清单、招标控制价、投标报价、工程价款结算等工程造价文件的编制与审核（核对）应由编审单位具有相应资格的工程造价专业人员承担。接受委托从事工程造价咨询活动的企业应取得相应的工程造价咨询资质。招标代理机构可以在资格等级范围内从事其招标代理的工程建设项目的工程量清单与招标控制价的编制与审核（核对）工作。

4. 实行工程量清单招标的工程建设项目应当采用固定单价合同，量的风险由发包人承担，价的风险在约定风险范围内的，由承包人承担，风险范围以外的按合同约定。

采用工程量清单计价的工程建设项目，应在招标文件或合同中明确风险内容及其范围（幅度），并约定超出风险范围时的综合单价调整办法，不得采用无限风险、所有风险或类似语句规定风险内容及其范围（幅度）。国家的法律、法规、规章和政策发生变化影响工程造价的，应按省级或行业建设部门或其授权的工程造价管理机构发布的文件调整合同价款。

5. 对于全部使用国有资金投资或国有资金投资为主的工程建设招标项目，应编制招标控制价。递交投标文件截止日 10 天前，招标人或其委托的造价咨询人应将招标控制价及有关资料报送工程所在地造价管理机构备查；竣工结算办理完毕 30 天内，发包人或其委托的造价咨询人应将审定的竣工结算书报送工程所在地造价管理机构备案。具体备查和备案程序由各省辖市建设行政主管部门结合本地实际情况制定。

6. 08 规范中以黑体字标志的强制性条文必须严格执行。

二、对 08 规范中有关内容的明确和调整

（一）工程量清单编制

1. 措施项目清单

（1）对 08 规范中未列的措施项目，招标人可根据工程实际情况进行补充。对招标人所列的措施项目，投标人可根据工程实际与施工组织设计进行增补，但不应更改招标人已列措施项目的序号。

（2）"措施项目清单与计价表"分为按"费率"和按"项"计价的两张表式，招标人列出措施项目的序号与项目名称，投标人报价并给出"措施项目清单费用分析表"。

（3）将 08 规范"通用措施项目一览表"中第 1 项"安全文明施工"措施项目内容中的"文明施工"、"安全施工"和"环境保护"合并为"现场安全文明施工"，列为"通用措施项目一览表"中的第 1 项，"临时设施"单列为"通用措施项目一览表"的第 10 项。

（4）在 08 规范"通用措施项目一览表"的基础上增加"1-1 材料与设备检验试验"、"1-2 赶工措施"、"1-3 工程按质论价"和"1-4 特殊条件下施工增加"等项目。

（5）建筑工程专业措施项目中增加"1.4 住宅工程分户验收"项目。

（6）安装工程专业措施项目中增加"3.15 脚手架"项目。

（7）市政工程专业措施项目中增加"4.11 模板"项目。

（8）园林绿化工程专业措施项目中增加"5.1 脚手架"、"5.2 模板"、"5.3 支撑与缆杆"等项目。

2. 其他项目清单

（1）通常情况下，暂列金额不宜超过分部分项工程费的 10%。

(2)暂估价材料的单价由招标人提供,材料单价组成中应包括场外运输与采购保管费。投标人根据该单价计算相应分部分项工程和措施项目的综合单价,并在材料暂估价格表中列出暂估材料的数量、单价、合价和汇总价格,该汇总价格不计入其他项目工程费合计中。

(3)"专业工程暂估价"中不包含规费和税金。

(4)专业工程暂估价项目是必然发生但暂时不能确定价格,由总承包人与专业工程分包人签订分包合同的专业工程。发包人拟单独发包的专业工程,不得以暂估价的形式列入主体工程招标文件的其他项目工程量清单中,发包人应与专业工程承包人另行签订施工合同。

3. 规费项目清单

(1)"工程排污费"包括污水、废气、固体及危险废物和噪声超标排污费等内容。

(2)取消"工程定额测定费",增加"安全生产监督费"为规费项目清单第2项。

(3)"社会保障费"包括养老保险、失业保险、医疗保险、生育保险和工伤保险五项。

(4)"危险作业意外伤害保险"作为商业保险列入管理费中。

(二)工程量清单计价

1. 招标控制价

(1)全部使用国有资金投资或国有资金投资为主的工程建设招标项目编制招标控制价时,材料价格应按工程所在地造价管理机构发布的指导价取定,指导价没有发布的参照市场信息价或市场价。

(2)各市造价和招投标管理机构可根据本地实际,定期发布"建设工程招标价调整系数幅度范围",招标人可在该调整系数幅度范围内,确定招标价调整系数。

(3)招标控制价应在递交投标文件截止日10天前发给投标人。发给投标人的招标控制价文件应包括费用汇总表、清单与计价表,可以不提供"分部分项工程量清单综合单价分析表"与"措施项目清单费用分析表"。

2. 投标价

除投标人自行补充的措施项目外,投标报价的项目编码、项目名称、项目特征、计量单位、工程量必须与招标人提供的一致。

3. 工程价款调整

(1)采用工程量清单方式计价,竣工结算的工程量按发承包双方在合同中约定应予计量且实际完成的工程量确定,完成发包人要求的合同以外的零星工作或发生非承包人责任事件的工程量按现场签证确定。

(2)当工程量清单项目工程量的变化幅度超过10%,且其影响分部分项工程费超过0.1%时,应由受益方在合同约定时间内向合同的另一方提出工程价款调整要求,由承包人提出增加部分的工程量或减少后剩余部分的工程量的综合单价调整意见,经发包人确认后作为结算的依据,合同有约定的按合同执行。

(3)因分部分项工程量清单漏项或非承包人原因的工程变更,造成施工组织设计或施工方案变更，引起措施项目发生变化时，措施项目费应按下列原则调整："措施项目表一"中的措施费仍按投标时费率进行调整；"措施项目表二"中的措施费发生关联变化时，按 2004 年江苏省计价表规定组价的措施项目按原组价方法调整，未按 2004 年江苏省计价表规定组价的措施项目按投标时价格折算成费率调整；原措施费中没有的措施项目，由承包人根据措施项目变更情况，提出适当的措施费变更要求，经发包人确认后调整；合同有约定的按合同执行。

（4）当施工期内主要材料的市场价格波动超过合同约定幅度时，应按合同约定调整工程价款；合同没有约定或约定不明确时，按照《关于加强建筑材料价格风险控制的指导意见》[苏建价 [2008] 67 号文]执行；工程所在地建设行政主管部门另有规定的按当地规定执行。

（三）工程量清单计价表格调整部分

（略）

三、执行时间与要求

08 规范从 2009 年 4 月 1 日起实施。

（后略）

江苏省建设厅

二〇〇九年二月三日

抄送：住房和城乡建设部，各市造价管理处（站）、招标办。

附录二　徐建发 [2009] 67 号

徐州市建设局文件

徐建发[2009]67 号

关于转发省建设厅《关于〈建设工程工程量清单计价规范〉（GB 50500—2008）的贯彻意见》的通知

各县（市）、贾汪区建设局，徐州经济开发区建管处，各有关单位：

现将省建设厅《关于〈建设工程工程量清单计价规范〉（GB 50500—2008）的贯彻意见》（苏建价 [2009] 40 号）转发给你们，并结合我市实际提出以下要求，一并贯彻执行。

一、全部使用国有投资或国有资金为主的工程建设招标项目，应编制招标控制价。

招标控制价的编制应遵循客观、公正的原则，严格执行清单计价规范，合理反映拟建工程项目市场价格水平。在编制招标控制价时，消耗量水平、人工工资单价、有关费用标准按省建设主管部门颁发的计价表（定额）和计价办法执行；材料价格按《徐州工程造价信息》发布的市场指导价取定（市场指导价没有的参照市场信息价或市场询价）；措施项目费用考虑常用的施工技术和施工方案计取。要先按照上述计价方法计算出定额预算价，然后取定招标价调整系数，计算得出招标控制价，公式如下：

招标控制价＝定额预算价×（1－招标价调整系数）。我市建筑、安装、市政、装饰工程招标价调整系数可暂在0～6%之间取定。单独招标的深基坑支护、施工降水、桩基工程、仿古建筑及园林绿化工程、钢结构工程等，招标人可另行确定招标价调整系数。

在确定招标价调整系数时，应综合考虑暂列金额、暂估价、甲供材料占总造价的比例。暂列金额、暂估价、甲供材料价格以及安全文明施工措施费、规费和税金费率标准不得调整。

二、招标人应将招标控制价及时报送工程造价管理机构备查。

凡编制招标控制价的招标人应在递交投标文件截止日10天前，将招标控制价发给投标人，并同时报送工程造价管理机构备查。

发给投标人的招标控制价应当包括费用汇总表、清单与计价表、材料价格表、相关说明以及招标价调整系数的取值，可以不提供"分部分项工程量清单综合单价分析表"与"措施项目清单费用分析表"。

报送工程造价管理机构的招标控制价有关资料，应包括招标文件、工程量清单、招标控制价成果文件等完整资料（含电子文档，电子文档可通过造价咨询企业管理系统上报）。

编制招标控制价的中介服务机构（或自行编制招标控制价的招标人）应当将招标控制价成果文件、计算书、图纸等资料按有关规定归档备查。

三、投标人对招标控制价提出异议的处理程序。

投标人对招标人公布的招标控制价有异议时，应当在开标7日前向招标人书面提出，招标人应当及时核实。经核实确有错误的，招标人应当调整定额预算价和招标控制价，在开标5日前通知所有投标人，并补报送工程造价管理机构。

投标人对招标人公布的核实结果仍有异议的，应当在开标3日前依据有关规定向工程所在地招投标监管机构提交书面投诉。由招投标监管机构会同工程造价管理机构对投诉进行处理，发现确有错误的，责成招标人修改。

招投标监督机构和造价管理机构在处理投诉时，如有必要，经投诉人同意可委托造价咨询企业会同原编制人员进行复核，复核只进行一次。复核确认定额预算价误差范围在±2%以内（含±2%）的，原定额预算价和招标控制价有效，复核费用由投诉人承担；误差范围在±2％以外的，定额预算价和招标控制价应以复核确认的为准，复核费用由编制单位承担。

造价管理机构和招投标监管机构应当加强对招标文件、定额预算价和招标控制价编制行为的监管，对查实违规的中介服务机构和编制人员，应按照有关规定进行处理，作为不良行为予以记录和公示。

四、工程竣工结算书的备案要求。

工程完工后，发、承包双方应在合同约定时间内办理工程竣工结算，工程竣工结算办理完毕 30 天内，发包人或其委托的造价咨询人应将审定的竣工结算书报送工程所在地造价管理机构备案。造价咨询人接受工程造价咨询委托后，不能按照规定的结算审核期限出具工程造价咨询报告书的，应当主动告知工程造价管理机构并说明原因。工程竣工验收备案时，建设行政主管部门可根据需要，要求发包人提供经承包人或监理单位确认的已按合同支付工程款的有效证明，凡建设行政主管部门要求提供而发包人未能按要求提供有效证明的，建设行政主管部门可不予办理竣工验收备案手续，但已经仲裁机构或者人民法院裁判生效文书认定的工程除外。

五、招标文件和合同要明确具体风险内容和范围（幅度）。

我市依法招标的工程建设项目在制定招标文件和签订施工合同时，应明确具体风险内容及其范围（幅度），同时约定超出风险范围时的综合单价调整办法，否则合同不予备案。

招标文件和合同可以参照如下内容具体约定风险范围：

1. 对于建筑材料价格风险，应在招标文件和合同中明确主要建筑材料范围和风险包干幅度。主要建筑材料范围可设定为钢筋、型钢、水泥、商品混凝土、电线电缆等，风险包干幅度可设定为＋10～－5。具体可参照我局《关于加强建筑材料价格风险控制的指导意见》（徐建发〔2008〕70 号）执行。

2. 对于法律、法规、规章或有关政策出台导致工程税金、规费等发生变化的，应按照有关规定执行。

3. 招标人提供的工程量清单有无漏项、清单特征描述与图纸是否相符、工程量数量和计量单位是否有误等工程量清单风险一般应由招标人承担。但工程发承包双方另有约定的除外。

4. 因非施工方原因导致工程延期开工、中间停工、停建、重大设计变更、工程地质与招标人提供的勘查资料差异较大、特大自然灾害、瘟疫以及其他不可抗力等可能影响工程正常施工的，其相应损失应由发包人承担。

六、有关规费和税金计取标准：

1. 工程排污费：由招标人在招标文件中给出暂定费用金额，投标人按给定标准统一计取。施工期间环保部门收取的工程排污费由发包人垫付，竣工结算时发承包双方据实结算。

2. 安全生产监督费：按（分部分项工程费＋措施项目费＋其他项目费）×0.19％计取。

3. 社会保障费：按下表规定计费标准计取。

序号	工程类别	计算基础	社会保证费率	住房公积金费率
1	建筑工程、仿古园林		3%	0.5%
2	预制构件制作、构件吊装、桩基工程		1.2%	0.22%
3	单独装饰工程、安装工程		2.2%	0.38%
4	桥梁、水工构筑物	分部分项工程费＋措施项目费＋其他项目费	2.5%	0.44%
5	道路、市政排水工程		1.8%	0.31%
6	市政给水、燃气、路灯工程		1.9%	0.34%
7	大型土石方工程		1.2%	0.22%
8	修缮工程		3.5%	0.62%
9	单独加固工程		3.1%	0.55%
10	点工	人工工日	15	
11	包工不包料		13	

备注：1. 社会保障费包括养老保险费、失业保险费、医疗保险费、工伤保险费、生育保险费。

2. 点工和包工不包料的社会保障费和住房公积金已经包含在人工工资单价中。

3. 人工挖孔桩的社会保障费和住房公积金率按 2.8% 和 0.5% 计取。

4. 为确保施工企业职工社会保障权益落到实处，有关部门将对社会保障费另行制定具体管理使用办法。

4. 住房公积金：按上表规定计费标准计取。

5. 税金：包括营业税、城市建设维护税、教育费附加。

纳税地点在市区的企业：按（分部分项工程费＋措施项目费＋其他项目费＋规费）×3.4% 计取。

纳税地点在县城、建制镇、工矿区的企业：按（分部分项工程费＋措施项目费＋其他项目费＋规费）×3.33% 计取。县、镇、工矿区另有规定的按有权部门规定的税率执行。

七、执行时间：我市从 2009 年 6 月 1 日起实施。凡 2009 年 6 月 1 日以后发布招标文件的工程建设项目均应执行。

附录三 《建设工程工程量清单计价规范》
（GB 50500—2008）—— 术语释解

1. 工程量清单：建设工程的分部分项工程项目、措施项目、其他项目、规费项目和税金项目的名称和相应数量等的明细清单。

【条文说明】 "工程量清单"是建设工程实行清单计价的专用名词，表示的是拟建工程的分部分项工程项目、措施项目、其他项目、规费项目和税金项目的名称和数量。

2. 项目编码：分部分项工程量清单项目名称的数字标识。

【条文说明】 "项目编码"是对分部分项工程量清单项目名称规定的数字标识。

3. 项目特征：构成分部分项工程量清单项目、措施项目自身价值的本质特征。

【条文说明】 "项目特征"是对体现分部分项工程量清单、措施项目清单价值的特有属性和本质特征的描述。

4. 综合单价：完成一个规定计量单位的分部分项工程量清单项目或措施清单项目所需要的人工费、材料费、施工机械使用费和企业管理费与利润以及一定范围内的风险费用。

【条文说明】 "综合单价"是相对于工程量清单计价而言，对完成一个规定计量单位的分部分项工程量清单项目或措施清单项目所需的人工费、材料费、施工机械使用费、企业管理费、利润以及包含一定范围风险因素的价格表示。

5. 措施项目：为完成工程项目施工，发生于该工程施工准备和施工过程中技术、生活、安全、环境保护等方面的非工程实体项目。

【条文说明】 "措施项目"是相对于工程实体的分部分项工程项目而言，对实际施工中必须发生的施工准备和施工过程中技术、生活、安全、环境保护等方面的非工程实体项目的总称。

6. 暂列金额：招标人在工程量清单中暂定并包括在合同价款中的一笔款项。用于施工合同签订时尚未确定或者不可预见的所需材料、设备、服务的采购，施工中可能发生的工程变更、合同约定调整因素出现时的工程价款调整以及发生的索赔、现场签证确认等的费用。

【条文说明】 "暂列金额"是招标人暂定并掌握使用的一笔款项，它包括在合同价款中，由招标人用于合同协议签订时尚未确定或者不可预见的所需材料、设备、服务的采购以及施工中各种工程价款调整因素出现时的工程价款调整。

7. 暂估价：招标人在工程量清单中提供的用于支付必然发生但暂时不能确定价格的材料以及专业工程的金额。

【条文说明】 "暂估价"是在招标阶段预见肯定要发生，只是因为标准不明确或者需要由专业承包人完成，暂时又无法确定具体价格时采用。

8. 计日工：在施工过程中，完成发包人提出的施工图纸以外的零星项目或工作，按合同中约定的综合单价计价。

【条文说明】 "计日工"是对零星项目或工程采取的一种计价方式，包括完成作业所需的人工、材料、施工机械及其费用的计价，类似于定额计价中的签证记工。

9. 总承包服务费：总承包人为配合协调发包人进行的工程分包，自行采购的设备、材料等进行管理、服务以及施工现场管理、竣工资料汇总整理等服务所需的费用。

【条文说明】 "总承包服务费"是在工程建设的施工阶段实行施工总承包时，当招标人在法律、法规允许的范围内，对工程进行分包和自行采购供应部分设备、材料时，要求总承包人提供相关服务（如分包人使用总包人的脚手架、水电接驳等）和施工现场管理等所需的费用。

10. 索赔：在合同履行过程中，对于非己方的过错而应由对方承担责任的情况造成的损失，向对方提出补偿的要求。

【条文说明】 "索赔"是专指工程建设的施工过程中，发、承包双方在合同履行时，对于非自己过错的责任事件并造成损失时，向对方提出补偿要求的行为。

11. 现场签证：发包人现场代表与承包人现场代表就施工过程中涉及的责任事项所作的签认证明。

【条文说明】 "现场签证"是专指在工程建设的施工过程中，发、承包双方的现场代表（或其委托人）对由于发包人的责任致使承包人在施工过程中于合同内容外发生了额外的费用，由承包人通过书面形式向发包人提出，予以签字确认的证明。

12. 企业定额：施工企业根据本企业的施工技术和管理水平而编制的人工、材料和施工机械台班等的消耗标准。

【条文说明】 "企业定额"是专指施工企业定额，是施工企业根据企业本身拥有的施工技术、机械装备和具有的管理水平而编制的，完成一个工程量清单项目使用的人工、材料和机械台班等的消耗标准，是施工企业投标报价的依据之一。

13. 规费：根据省级政府或省级有关权力部门规定必须缴纳的，应计入建筑安装工程造价的费用。

【条文说明】 根据《建筑安装工程费用项目组成》（建标〔2003〕206号）的规定，"规费"属于工程造价的组成部分，其计取标准由省级、行业建设主管部门依据省级政府或省级和有关权力部门的相关规定制定。

14. 税金：国家税法规定的应计入建筑安装工程造价内的营业税、城市维护建设税及教育费附加等。

【条文说明】 "税金"是依据国家税法的规定应计入建筑安装工程造价内，由承包人负责缴纳的营业税、城市维护建设税及教育费附加等的总称。

15. 发包人：具有工程发包主体资格和支付工程价款能力的当事人以及取得该当事人资格的合法继承人。

【条文说明】 "发包人"有时也称建设单位或业主。在工程招标发包中，又被称为招标人。

16. 承包人：被发包人接受的具有工程施工承包资格的当事人以及取得该当事人资格的合法继承人。

【条文说明】 "承包人"有时也称施工企业。在工程招标发包中，投标时又被称为投标人，中标后称为招标人。

17. 造价工程师：取得《造价工程师注册证书》，在一个单位注册从事建设工程造价活动的专业人员。

【条文说明】 "造价工程师"是指按照《注册造价工程师管理办法》（建设部第150号令），经全国统一资格考试合格，取得造价工程师执业资格证书，经批准注册在一个单位从事工程造价活动的专业技术人员。

18. 造价员：取得《全国建设工程造价员资格证书》，在一个单位注册从事建设工程造价活动的专业人员。

【条文说明】 "造价员"是指通过考试，取得《全国建设工程造价员资格证书》，在一个单位从事工程造价活动的专业人员。

我国对工程造价人员实行的是执业资格管理制度。人事部、建设部"关于印发《造价工程师执业制度暂行规定》的通知"（人发〔1996〕77号）规定，在建设工程计价活动中，工程造价人员实行执业资格制度。造价工程师执业资格制度属于国家统一规划的专业技术执业资格制度范围。造价工程师必须经全国统一考试合格，取得造价工程师执业资格证书，并经注册方能从事建设工程造价业务活动。建设行政主管部门对造价工程师按照《注册造价工程师管理办法》（建设部第150号令）进行管理。

造价员是按照中国建设工程造价管理协会印发的《全国建设工程造价人员管理暂行办法》（中价协〔2006〕013号）的规定，通过考试取得《全国建设工程造价人员资格证书》，从事工程造价业务的人员。中国建设工程造价管理协会和各地区造价管理协会或归口管理机构负责对造价员进行自律管理。

19. 工程造价咨询人：取得工程造价咨询资质等级证书，接受委托从事建设工程造价咨询活动的企业。

【条文说明】 "工程造价咨询人"是指按照《工程造价咨询企业管理办法》（建设部第149号令）的规定，取得工程造价咨询资质，在其资质许可范围内接受委托，提供工程造价咨询服务的企业。

20. 招标控制价：招标人根据国家或省级、行业建设主管部门颁发的有关计价依据和办法，按设计施工图纸计算的，对招标工程限定的最高工程造价。

21. 投标价：投标人投标时报出的工程造价。

22. 合同价：发、承包人双方在施工合同中约定的工程造价。

23. 竣工结算价：发、承包人双方依据国家有关法律、法规和标准规定，按照合同约定确定的最终工程造价。

【条文说明】 工程造价的计价具有动态性和阶段性（多次性）的特点。工程建设项目从决策到竣工交付使用，都有一个较长的建设期。在整个建设期内，构成工程造价的任何因素发生变化都必然影响工程造价的变动，不能一次确定可靠的价格，要到竣工结算后才能最终确定工程造价，因此需对建设程序的各个阶段进行计价，以保证工程造价确定和控制的科学性。工程造价的多次性计价反映了不同的计价主体对工程造价的逐步深化、逐步细化、逐步接近和最终确定工程造价的过程。

"招标控制价"是在工程招标发包的过程中，由招标人根据有关计价规定计算的工程造价，其作用是招标人用于对招标工程发包的最高限价，有的地方亦称拦标价、预算控制价。

"投标价"是在工程招标发包过程中，由投标人按照招标文件的要求，根据工程特点，并结合自身的施工技术、装备和管理水平，依据有关计价规定自主确定的工程造价，是投标人希望达成工程承包交易的期望价格，它不能高于招标人设定的招标控制价。

"合同价"是在工程发、承包交易过程中，由发、承包双方以合同形式确定的工程承包价格。采用招标发包的工程，其合同价应为投标人的中标价。

"竣工结算价"是在承包人完成施工合同约定的全部工程承包内容，发包人依法组织竣工验收合格后，由发、承包双方按照合同约定的工程造价条款，即合同价、合同价款调整以及索赔和现场签证等事项确定的最终工程造价。

附录四 建设部标准定额研究所关于《建设工程工程量清单计价规范》有关问题解释答疑

（第一批）

1. 总承包服务费具体包括什么费用？

答：按《计价规范》2.0.6条及参阅"宣贯辅导教材"第3.4.1条。

2. 对于预留金，若发生的工程量变更超过预留金额，是否调整？

答：预留金属于招标人预留工程变更的费用，与投标人无关。参阅"宣贯辅导教材"4.0.6条。

3. 计价规范中，将模板费用列入措施项目费中。宣贯资料把模板费用列入分部分项的综合单价中。以哪个为准？

答：以《计价规范》的正文为准。

4. 在工程量清单中，3.4.2"为了准确的计价，零星工作项目表中应详细列出人工、材料、机械名称和相应数量"，这怎么实现？

答：招标人视工程情况在零星工作项目计价表中列出有关内容，并标明暂定数量，这是招标人对未来可能发生的工程量清单项目以外的零星工作项目的预测。投标人根据表中内容响应报价，这里的"单价"是综合单价的概念，应考虑管理费、利润、风险等；招标人没有列出，而实际工作中出现了工程量清单项目以外的零星工作项目，可按合同规定或按规范4.0.9条工程量变更进行调整。

5. 在工程量清单报价中，措施费以项作为计量单位，以元计价。请问：当实际工程量发生变化后，结算时措施费用是否可跟着进行调整？还是有个幅度的限制？例：如混凝土工程量发生变化，则模板、脚手架及至规范、税金都随变动。如可调，则原先措施报价失去意义，变成了暂定价。（因为工程量清单是固定单价，而这种变化是每个工程都不可避免的。）如不可调则与实际情况不符。

答：按合同约定。

6. 投标人未填报单价的项目，工程量变更减少或实际工程量与发布量不同时，如何调整？填表须知第 3 条与本问题的关系？

答：投标人未填报单价的项目，视为其费用已包含在其他项目中，与填表须知第 3 条相同。若工程量变更增减或实际量与招标清单量不同时，按《计价规范》4.0.9条规定或按合同约定处理。

7. 什么是规费？规费一般有哪些？

答：规费是指国家及地方政府规定必须交纳的费用，包括工程排污费、工程定额测定费等。

8. 计价表格之"措施项目分析表"，每一措施项目填表计量单位为"项"，数量为"1"，问：招标人可否在招标文件中自行设计一个"附表"，要求投标人作详细分析（如外架子、内架子、满堂架子等工程量及综合单价各是多少)？

答：招标人可以要求投标人对有关的措施项目按"措施项目分析表"进行分析，一般按《计价规范》所列表格执行即可。需要补充表格的，可参阅"宣贯辅导教材"4.0.3条，由各省级工程造价管理机构统一制定。

9. 有招标代理资质的咨询单位，能否编制工程量清单？

答：中华人民共和国建设部令（107 号）《建筑工程施工发包与承包计价管理办法》的第九条"招标标底和工程量清单由具有编制招标文件能力的招标人或受其委托的具有相应资质的工程造价咨询机构、招标代理机构编制"。《计价规范》第 3.1.1 条所指"中介机构"与部令一致。

10. 甲方供料是否计算计价？是否放入投标报价中，还是放入其他费中的招标人部分？

答：甲方供料应计入投标报价中，并在综合单价中体现。

11. 材料和设备的划分，在工程量清单计价工程中如何处理？由投标人采购的设备（如变压器）是否应纳入综合单价？

答：设备费在项目设备购置费列项，不属建安工程费范围，因此，清单报价中不考虑此项费用。

12. 在执行"工程量清单规范"时，牵涉到安装工程量中的多专业（工种）"联动试车费"是否能计取？如果能计取，请问怎样计算？

答：联动试车费属工程建设其他费用，不属建安工程费范围，因此，清单报价中不考虑此项费用。

13. 描述"项目特征"时，全部描述比较烦琐，能否引用施工图？

答：项目特征是描述清单项目的重要内容，是投标人投标报价的重要依据，招标人应按《计价规范》要求，将项目特征详细描述清楚，便于投标人报价。

14. 高层建筑增加费应划回（1）分部分项工程量清单？（2）还是措施项目清单？

答：应在分部分项工程量清单报价中考虑。

15. 因发包人原因停建（依法解除合同），按工程量清单计价如何办理停建结算？主要是指措施项目费的清算。

答：按合同约定处理。

16. 由于工程量将来要按实际核定。在制订工程量清单时，可否使用一个暂估量，以节省发包方的人力投入？

答：如果该工程只有初步设计图纸，而没有施工图纸的，可按暂估量计算，若有施工图纸的必须计算其工程量，结算时可因工程增减作增减量调整。招标人应尽可能准确提供工程量，如果招标人所提供工程量与实际工程量误差较大，投标人可以提出索赔或策略报价。

17. 为便于将来设计变更不会因为投标书中无单价而使承发包双方发生不必要的纠纷，可否采用多做法共存的工程量清单？如，某工程楼地面 7000m² 工程量。在工程设计中为水泥砂浆楼地面，在工程量清单中分别列出水泥砂浆楼地面、水磨石楼地面、地板砖楼地面、大理石楼地面等等，其各自工程量均为 7000m²（或暂定一个数量)？

答：不可以。只能根据施工图纸及施工方案进行编制工程量清单，若发生工程变更工程量增减，按合同的约定竣工时按实核量结算。

18. 投标人如参照全统基础定额作综合单价分析时，其工程量（施工量）的计算除按施工组织设计外，是否应参照基础定额中相关子目的原工程量计算规则？

答：《计价规范》中的工程量计算规则与定额中的工程量计算规则是有区别的，招标人编制招标文件中的工程量清单应按《计价规范》中的工程量计算规则计算工程量；投标人投标报价（包括综合单价分析）应按《计价规范》4.0.8规定执行。

19. 采用工程量清单编制标底价，按步骤必须先确定施工方案，请问：招标人或中介咨询机构如何编制一个合理的施工方案，依据又有哪些？

答：标底是指招标人或委托的工程造价咨询单位在工程量清单的基础上编制的一种预期价格，是招标人对建设工程预算的期望值，标底并不是决定投标能否中标的标准价，而只是对投标进行评审和比较时的一个参考价。因此，在编制标底时，招标人或中介咨询机构一定要依据项目的具体情况，考虑常用的、合理的施工方法、施工方案进行编制。

20. 同一分部分项工程项目招标方提供的工程量清单是按招标文件来确定描述工程特征，如果投标人的施工方案描述的工作内容和特征与招标人的不同，是否允许对工程量清单项目工程内容和特征描述进行修改、补充？

答：招标方提供的工程量清单描述的项目特征，表述的是工程实体的内容，它与施工方法、施工方案没有关系，采用何种施工方法、施工方案来完成实体的施工由投标方决定。实体的内容是不能做修改或补充的。

21. 甲方购买的材料、设备在招投标阶段如果无法确定需要多少钱，能否不用列入报价？

答：设备费在项目设备购置费列项，不属建安工程费范围，因此，清单报价中不考虑此项费用。材料费必须列入综合单价，如果在招投标阶段无法准确定价，应按暂估价。

22. 如果合同订的是单价合同，能否结算时按竣工图、现场实际情况按实重新计算工程量？

答：(1) 按合同约定。(2) 乙方发现实际发生的工程量与工程量清单提供的工程量不同时，应随时与甲方协商签证同意后变更，结算时调整。

23. 工程量清单计价可以理解为固定单价，而不固定总价法。请问合同价如何定？若投标人已知工程量计算错误、漏项或设计变更，如何调整？

答：工程量清单计价是一种计价方法，固定价、可调价、成本加酬金是签定合同价的方式，这是两个范畴的概念。按工程量清单计价可以采用固定价、可调价、成本加酬金中的任何一种方式签定合同价。

根据建设部令第 107 号的第五条、第十一条和第十二条，编制施工图预算、招标标底和投标报价的计价方法有工料单价法和综合单价法，招标人与中标人应根据中标价订立合同，或不实行招投标工程由发承包双方协商订立合同，合同价方式有固定价、可调价和成本加酬金。若投标人发现清单中工程量计算错误、漏项或设计变更，可按《计价规范》4.0.9 条规定或按合同约定处理。

24. 执行工程量清单后是否工程结算方式和原来的定额法不一样？

答：按工程量清单计价的工程结算方式与按定额计价的工程结算方式的不同点：工程量清单计价，综合单价一般不作改动，没有价差，也不用调整各项费率。

25. 清单计价模式招投标是否意味着其只能采用单价固定合同？

答：根据建设部令第 107 号的第十二条，合同价可以采用的方式有：(一) 固定价；(二) 可调价；(三) 成本加酬金。

工程量清单计价是一种计价方法。固定价、可调价、成本加酬金是签定合同价的方式。

26. 分部分项工程量清单的某一项工作内容发生了改变（比如：工艺不变，原有的瓷砖档次太低，改为另一种价格较贵的瓷砖；工艺有些改变，如保温隔热墙的保温材料发生了变化等），在结算时如何调整？是否都视为变成了一项新的清单，需要重新申报单价给咨询工程师审批？

答：按合同约定处理。

27. 清单计价与施工图预算如何协调？清单计价能取代预算吗？

答：清单计价与施工图预算是两种不同的计价模式。《计价规范》1.0.3 条规定的范围应执行工程量清单计价，除此之外，根据招投标法规定招标人在招标时可以自行决定。

28. 定额中原有的施工配合费：如电梯安装等，实行清单后，怎样处理？

答：按《计价规范》第101页表 C.1.7 列项报价，其工程内容包括本体安装和电梯电气安装。

29. 工程量清单要求与合同配套，明确合同的计价方式，才能做出投标决策。但现在业主的实际做法是在招标文件内只列合同范本，具体条款再在中标后由业主与中标人签订，这样的话，投标人的风险明显大于业主，而这种违反招标法的招标文件随处可见，法律的完善与法制的完善是否是两回事？

答：招标文件照搬合同范本是不完善的。应将合同范本中的专用条款具体化列入招标文件。建设部《房屋建筑和市政基础设施工程施工招标文件范本》也是要求把具体条款（即专用条款）列入招标文件。

30. 若甲方提供的工程量清单漏项，且招标要求包干价，乙方报价是否应补充，若没补充，甲方是否会认为该漏项费用已计入其他项目。

答：应按招标文件要求包干的范围来定。

(1) 如果包干范围仅就甲方提供的工程量清单而言，出现漏项属于甲方提供的工程量清单漏项，应由甲方负责并补充计入相应费用。

(2) 如果包干范围是指完成该项目，出现漏项乙方应及时提出，并与甲方协商计入相应费用。

31. 招投标过程中，有时是假定的工程量，有些问题留待结算中解决，现在实行工程量清单计价，那么对量的准确性应如何规范。

答：工程量清单应由有编制招标文件能力的招标人，或受其委托具有相应资质的中介机构依据《计价规范》第三章工程量清单编制的规定编制，工程数量应按 3.2.6 条规定计算。

工程量计算有误应按《计价规范》4.0.9 条规定执行。

32. 若选定中标单位后，发现工程量清单中遗漏某分项工程内容，该分项工程该如何计价？

答：投标人应根据招标人提供的工程量清单结合施工图纸，按《计价规范》要求填报综合单价，除合同另有约定外，一般情况下综合单价不作调整。

若发现清单项目漏项，应按《计价规范》4.0.9 条规定执行。

33. 小于…或…以内是否包括本身？例：P47 页楼梯计算规则"不扣除宽度小于500mm 的楼梯井"；散水、坡道计算规则"不扣除单个面积 0.3m² 以内的孔洞所占面积"。

答："小于……"或"……以内"包括其本身。

34. 缺项补充时，要在项目编码格中以"补"字示之。请问是"补＋编码"的形式，还是只写一个"补"字？

答：《计价规范》3.2.4 条明文规定，缺项可以补充，并要上报备案，项目编码以"补"字称，可理解为"补＋编码"的形式。如：广东省的补充项目，为"粤＋编码"如补充的塑料门编码为"粤 020404009"。

（第二批）

关于附录 A：

1. 所有的综合单价是否均由人工费、材料费、机械费、管理费、利润和风险因素构成？（例如：根据经验，红榉木包门套 600 元/樘，全包价，是否需分析人、材、机？）

答：任何分部分项工程的综合单价都应由人工费、材料费、机械使用费、管理费、利润和风险因素构成。一些不发生材料费或机械使用费的分部分项工程，可不列材料费或机械使用费。凭经验所列出的综合单价，如招标人要求对该项目综合单价进行分析时，投标人也应按要求进行分析。

2. 《计价规范》P$_{30}$ 010102002003 工作内容中：3."解小"怎样理解？请予以解释。

答："解小"是指石方爆破工程中，设计对爆破后的石块有最大粒径的规定，对超过设计规定的最大粒径的石块，或不便于装车运输的石块，进行再爆破称"解小"或称"二次爆破"。

3. 混凝土桩工程内容中的成孔与土石方工程中第五条所说的人工挖孔桩是不是一回事，二者有没有矛盾？

答：以不重列为原则。如将人工挖孔列入"混凝土灌注桩"项目内，则不再列"挖基础土方"。如属两个结算单位施工，也可以分列。

4. 措施项目清单是工程中的非实体性项目，是为完成分部分项工程所采取的措施。而在附录 A.2 中又有旋喷桩、锚杆支护等项目出现，我们认为是否应将建筑工程中所有起护坡作用的桩、地基与边坡处理列入措施项目清单中；所有起承重作用的桩、地下连续墙列入分部分项清单中。

答：构成建筑物或构筑物实体的，必然在设计中有具体设计内容。如：坡地建筑采用的抗滑桩、挡土墙、土钉支护、锚杆支护等。属于施工中采取的技术措施，在设计文件中无具体设计内容，招标人在分部分项工程量清单中不列项（也无法列项），而是由投标人作出施工组织设计或施工方案，反映在投标人报价的措施项目费内。如：深基础土石方开挖，设计文件中可能提示你要采用支护结构，但到底用什么支护结构，是打预制混凝土桩、钢板桩、人工挖孔桩、地下连续墙，是否作水平支撑等，由投标人作具体的施工方案来确定，其报价反映在措施项目费内。

5. 地下连续墙工程量清单按设计长度乘厚度以体积计算。地下连续墙导槽如何计算？

答：地下连续墙的导槽，由投标人考虑在地下连续墙综合单价内。

6. 石梯膀是哪个部位？

答：石梯膀详细图示如下：

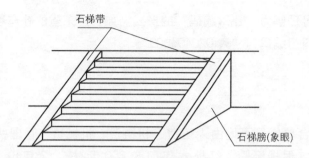

7. 垫层捆绑在基础内，设计变更会使垫层种类、厚度或基础埋置深度增加或减少，而出现无法利用投标单位或使用单价不合理？如某工程砖基础、三七灰土垫层。第一种情况是由于土质原因垫层 300 厚改为 500 厚；第二种情况，是砖基础埋置深度增加 1m，而垫层厚度不同。这两种情况均无法使用原承包方的投标报价单价，如何处理？

答：有三种方法可以解决。一、事先可以预见的可在"零星工作项目费"内将垫层和基础分别列项请投标人报价；二、招标人要求投标人做分部分项工程综合单价，或按投标报价中近似的分部分项工程综合单价协商调整；三、可利用第五级编码分项列。

8. 钢筋计算是否应计算搭接长度和制作、绑扎损耗？

答：钢筋的搭接、弯钩等的长度，招标人均应按设计规定计算在钢筋工程数量内，钢筋的制作、安装、运输损耗由投标人考虑在报价内。

9. 钢筋工程计算中，马凳是否含在清单工程量中？

答：《计价规范》附录 A.4.18 第 19 条：现浇构件中固定位置的支撑钢筋、双层钢筋用的"铁马"、伸出构件的锚固钢筋、预制构件的吊钩等，应并入钢筋工程量内。

10. 规范中所有门窗项目的工程内容中都已包含油漆，而在 B.5 为何又出现门窗油漆项目？

答：在《计价规范》附录 A 中油漆工程是同门窗工程同时发包的，而《计价规范》附录 B 中是单独发包的油漆工程。

11. 附录 A 中墙、地面防水、防潮有单独的清单编码。而附录 B 中的整体面层和块料面层的工程内容中均包含防水层铺设，做为墙、地面防水、防潮是应该按附录 A 单独列项，还是应包含在附录 B 的综合单价中？

答：在《计价规范》附录 A 中防水、防潮工程是同墙、地面工程同时发包的，而《计价规范》附录 B 中是单独发包的防水、防潮工程。

关于附录 B：

1. 如间壁墙在做地面前已完成，地面工程量是否应扣除？

答：不扣除。

2. 装饰工程中"门窗套"、"门窗贴脸""筒子板"如何区别、定义？

答：如下图所示：

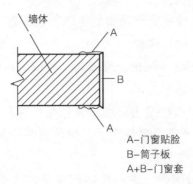

A-门窗贴脸
B-筒子板
A+B-门窗套

3. 什么是博风板、大刀头？

答：博风板是悬山或歇山屋顶两山沿屋顶斜坡钉在桁头之板，大刀头是博风板头的一种，形似大刀（如下图）。

悬山建筑博风板

（第三批）

关于附录C（略）

（第四批）

1. 由于项目特征描述不够准确或发生了变化而引起综合单价有了变化，应如何调整？

答：项目特征描述不准确发生在招标阶段，投标人可在招标答疑和投标前及时提出；发生在结算阶段，合同有约定的，按合同约定执行；合同没有约定的，按《计价规范》4.0.9条规定执行。

2. 措施项目清单、其他项目清单、零星工作项目表漏项如何处理？

答：合同有约定的，按合同约定执行；合同没有约定的，按《计价规范》4.0.9条规定执行。

3. 零星工作项目费应在预留金中开销吗？

答：根据《计价规范》3.4.1条预留金与零星工作项目费应分别列项。零星工作项目费不应在预留金中开销。

4. 预留金由谁编制？预留金作为报价的一部分，结算时与招标人的金额不一致，如何进行调整？

答：根据《计价规范》2.0.5条预留金应由招标方视工程情况进行编制。预留金是招标人为可能发生的工程量变更而预留的金额，投标时投标人按招标人提供的金额填写。结算时，按实际发生进行调整。

5. 附录计算规则中均不含工程量合理损耗，投标人报价中是否应考虑？

答：是。

6. 投标人在报价时，总报价是否应填报其他项目费？

答：根据《计价规范》4.0.2条规定，总报价应包括其他项目费。所以投标人在报价时，总报价应填报其他项目费。

7. 请问可否利用第五级编码，进行整体建筑单方造价招标，即编制如下工程量清单：项目名称（特征）：砖混结构单层房屋一幢，层高3.3m，轴线尺寸5.4m×3.6m，墙体页岩砖，空心板屋面，外墙面砖，地面、给排水、电气，是否违背规范精神？

答：按《计价规范》规定，要求招标人提供分部分项工程量清单、措施项目工程量清单、其他项目工程量清单应详细准确，投标人据此投标报价。以单方造价方式招标，与工程量清单招标要求不符。

8. 工程量发生误差，应如何处理？

答：定标前发现工程量有误差，投标人应及时向招标人提出，更正错误工程量。定标后发现工程量有误差，合同有规定的按合同规定处理；否则，按《计价规范》4.0.9条规定执行。

9. 措施项目清单中，业主提供的措施清单有可能不是最优的方案，投标人如何处理？

答：根据《计价规范》3.3.1条，招标人在编制措施项目清单时只需列项目名称，而不提供具体施工方案，投标人可根据招标人所列项目和自身的施工方案进行报价。

10. 甲供材料的采保费如何立项？

答：甲供材料在综合单价中考虑，因此，甲供材料的采保费应计入综合单价。

11. 甲供材料的安装损耗，承包方如何计取？

答：应在综合单价考虑。

12. 原维修定额所列的项目，如拆除、修补，怎么执行清单计价？

答：可按《计价规范》3.2.4条第二款执行。

13. 管间土方和管间石方是否分开列项？如果在实际中一段管间内既有土方又有石方，该怎么办？

答：①应该分开列项。

②按土石方地质分界线分别计算工程量。

14. 措施费中有脚手架。请问钢筋混凝土工程子目中用到的钢管脚手架是否需要单列到措施费中？

答：《计价规范》已明确规定脚手架列入措施项目中。

15. 风险是否在综合单价中？

答：根据《计价规范》2.0.3条规定，综合单价应考虑风险因素。

16."宣贯辅导"教材与《建设工程工程量清单计价规范》有矛盾的地方以哪个为准？

答：以《建设工程工程量清单计价规范》为准。

（第五批）

附录A 建筑工程：

1."平整场地"清单工程量计算规则为"按设计图示尺寸以建筑物首层面积计算","首层面积"如何定义？阳台如何计算面积？

答："首层面积"应按建筑物外墙外边线计算。落地阳台计算全面积；悬挑阳台不计算面积。设地下室和半地下室的采光井等不计算建筑面积的部位也应计入平整场地的工程量。地上无建筑物的地下停车场按地下停车场外墙外边线外围面积计算，包括出入口、通风竖井和采光井计算平整场地的面积。

2.编制工程量清单时，是否将施工方法列出来？例如土石方开挖，是否列开挖方式？

答：招标人编制工程量清单不列施工方法（有特殊要求的除外），投标人应根据施工方案确定施工方法进行投标报价。土石方开挖，招标人确定工程数量即可。开挖方式，应由投标人做出的施工方案来确定，投标人应根据拟定的施工方法投标报价。如招标文件对土石方开挖有特殊要求，在编制工程量清单时，可规定施工方法。

3.垫层捆绑在基础内，设计变更或地质情况变化时，容易引起垫层量或基础量的变化，如何处理？

答：先对基础的综合单价分垫层和基础进行分析，再根据垫层或基础的变化情况进行调整。

4.附录A中，表A.3.2砖砌体中（规范P37）工程量计算规则规定：嵌入墙内的板头不扣除，内墙墙高：有梁板隔层者至楼板顶，也就是说内墙墙高不是净高，与过去计算规则不同，请对内墙墙高给予明确。

答：内墙墙高在"计价规范"砌筑工程表A.3.2砖砌体、表A.3.4砌块砌体中有明确规定：位于屋架下弦者，算至屋架下弦底；无屋架者算至天棚底另加100mm；有钢筋混凝土楼板隔层者算至楼板顶；有框架梁时算至梁底。

5.编制钢筋清单项目时，是否要求将不同种类和规格的钢筋分开列项？

答：招标人在编制钢筋清单项目时，应根据工程的具体情况，可将不同种类、规格的钢筋分别编码列项；也可分 Φ10 及以内和 Φ10 以上编码列项。

6.编制混凝土清单子目时，除应按项目特征的不同分别列项外，不同楼层标高的混凝土量是否要分开列项？

答：应视工程的具体情况，由清单编制人决定。如不同楼层混凝土的综合单价差异较大，则应分别列项。

7.工程量清单的最后三位编码对不同的工程中对应的清单子目可否不一样？如

基础梁010503001

　　项目编码　项目名称

　　工程一：010403001001 基础梁 C30

　　010403001002 基础梁 C20

　　工程二：010403001001 基础梁 C25

　　010403001002 基础梁 C20

　　答：可以。工程量清单的最后三位编码由清单的编制人根据实际情况编制，《计价规范》规定第一至第四级编码全国统一设置，第五级编码（十、十一、十二位阿拉伯数字）由清单编制人自行设置。本着这个原则且每项均由 001 开始编制即可。

　　8. 商品混凝土的混凝土输送泵是列在分部分项工程量清单报价内，还是列在措施项目清单内？

　　答：混凝土输送泵由施工单位提供，应将泵送费列入措施项目费内；混凝土输送泵由商品混凝土厂家提供，并包括在商品混凝土价格内，其泵送费列在分部分项工程量清单报价内。

　　9. 预制混凝土构件的模板费是否列入措施项目费？

　　答：购入的预制混凝土构件，不再将价格中的模板费列入措施项目费；非购入的预制混凝土构件及现场就位预制构件的模板费，应列入措施项目费。

　　附录 E　园林绿化工程：（略）

附录五　课后讨论提示及综合实训工程量计算参考答案（部分）

（一）课后讨论提示

1. 工程量清单计价与定额计价的差别

（1）编制工程量的单位不同

传统定额预算计价办法是：建设工程的工程量分别是由招标单位和投标单位分别按图示计算。工程量清单计价是：工程量由招标单位统一计算或委托有工程造价咨询资质单位统一计算，"工程量清单"是招标文件的重要组成部分，各投标单位根据招标人提供的"工程量清单"，根据自身的技术装备、施工经验、企业成本、企业定额、管理水平自主填写报单价。

（2）编制工程量清单时间不同

传统的定额预算计价法是在发出招标文件后编制（招标与投标人同时编制或投标

人编制在前，招标人编制在后）。工程量清单报价法必须在发出招标文件前编制。

(3) 表现形式不同

采用传统的定额预算计价法一般是总价形式。工程量清单报价法采用综合单价形式，综合单价包括人工费、材料费、机械使用费、管理费、利润，并考虑风险因素。工程量清单报价有直观、单价相对固定的特点，工程量发生变化时，单价一般不作调整。

(4) 编制依据不同

传统的定额预算计价法依据：图纸、人工、材料、机械台班消耗量依据建设行政主管部门颁发的预算定额，人工、材料、机械台班单价依据工程造价管理部门发布的价格信息进行计算。工程量清单报价法，根据原建设部第 107 号令规定，标底的编制根据招标文件中的工程量清单和有关要求、施工现场情况、合理的施工方法以及按建设行政主管部门制定的有关工程造价计价办法编制。企业的投标报价则根据企业定额和市场价格信息，或参照建设行政主管部门发布的社会平均消耗量定额编制。

(5) 费用组成不同

传统预算定额计价法的工程造价由直接工程费、措施费、间接费、利润、税金组成。工程量清单计价法工程造价包括：分部分项工程费、措施项目费、其他项目费、规费、税金，完成每项工程包含的全部工程内容的费用（规费、税金除外）。

(6) 评标所用的方法不同

传统预算定额计价投标一般采用百分制评分法。采用工程量清单计价法投标，一般采用合理低报价中标法，既要对总价进行评分，还要对综合单价进行分析评分。

(7) 项目编码不同

采用传统的预算定额项目编码，全国各省市采用不同的定额子目，采用工程量清单计价全国实行统一编码，项目编码采用 12 位阿拉伯数字表示。一至九位为统一编码，其中，一、二位为附录顺序码，三、四位为专业工程顺序码，五、六位为分部工程顺序码。七至九位为分项工程项目名称顺序码，十至十二位为清单项目名称顺序码。前九位码不能变动，后三位码，由清单编制人根据项目设置的清单项目编制。

(8) 合同价调整方式不同

传统的定额预算计价合同价调整方式有变更签证、定额解释、政策性调整。工程量清单计价法合同价调整方式主要是索赔。工程量清单的综合单价一般通过招标中报价的形式体现，一旦中标，报价作为签订施工合同的依据相对固定下来，工程结算按承包商实际完成工程量乘以清单中相应的单价计算，这样减少了调整活口。采用传统的预算定额经常有定额解释及定额规定，结算中又有政策性文件调整。工程量清单计价单价不能随意调整。

(9) 工程量计算时间前置

工程量清单，在招标前由招标人编制。也可能业主为了缩短建设周期，通常在初步设计完成后就开始施工招标，在不影响施工进度的前提下陆续发放施工图纸，因此承包商据以报价的工程量清单中各项工作内容下的工程量一般为概算工程量。

（10）投标计算口径达到了统一

因为各投标单位都根据统一的工程量清单报价，达到了投标计算口径统一。不再是传统预算定额招标，各招标单位各自计算工程量，各投标单位计算的工程量均不一致。

（11）索赔事件增加

因承包商对工程量清单单价包含的工作内容一目了然，故凡建设方不按清单内容施工的，任意要求修改清单的，都会增加施工索赔事件的发生。

2. 国外工程计价管理模式

国外工程计价管理综合模式

（1）政府间接调控。政府对工程造价采取不直接干预的方式，通过税收、信贷、价格、信息指导等经济手段，引导和控制投资方向，政府调控市场，市场引导企业，使投资符合市场经济发展的要求。实行总分包的工程管理体制，是各国共有的方式。

（2）采用清单计价方式。由政府颁发统一的工程量计算规则，统一工程计价的工程量计算方法。委托专业咨询公司进行工程计价和控制。专业咨询公司一般都有丰富的工程造价实例资料与其数据库和长期的计价实践经验，有较完善的工程计价信息系统和技术实力及手段实行动态计价管理。

（3）政府提供市场信息。由政府颁布多种造价指数、价格指数或由有关协会和咨询公司提供价格和造价资料，供社会享用，形成及时、准确、实用的工程造价信息网，以适应市场经济条件下的快速而高效、多变的特点，满足建筑市场计价和对价格信息的需要。

（4）由施工承包商承担施工图设计。这有利于承包商将设计与施工有机结合，充分发挥技术优势，降低工程成本，并降低项目投资与工程项目建设造价。

英国工程计价管理模式

英国传统的工程计价模式，一般情况下都在投标时附带由业主工料测量师编制工程量清单，其工程量按照 SMM 规定进行编制，汇总构成工程量清单，承包商的工料测量师参照工程量清单进行成本要素分析，根据其以前的经验，并收集市场信息资料、分发咨询单、回收相应厂商及分包商的报价，对每一分项工程都填入单价，以及单价与工程量相乘后的合价，其中包括人工、材料、机械设备、分包工程、临时工程、管理费和利润。所有分项工程合价之和，加上开办费、基本费用项目（这里指投标费、保证金、保险、税金等）和指定分包工程费，构成工程总造价，一般也就是承包商的投标报价。在施工期间，结算工程是按实际完成工程量计算，并按承包商报价计费。增加的工程或者重新报价，或者按类似的现行单价重新估价。

（1）工程建设费的组成

在英国，一个工程项目的工程建设费，从业主的角度有以下的项目组成：①土地购置或租赁费；②现场清除及场地准备费；③工程费；④永久设备购置费；⑤设计费；⑥财务费用，如贷款利息等；⑦法定费用，如支付地方政府的费用、税收等；

⑧其他，如广告费等。

其中③工程费有以下三部分组成：

a. 直接费。即直接构成分部分项工程的人工费、材料费和施工机械费。一般人工费约占40%，材料费约占50%，施工机械费约占10%。直接费还包括材料搬运和损耗附加费、机械搁置费、临时工程的安装和拆除以及一些不组成永久性构筑物的消耗性材料等附加费。

b. 现场费。现场费主要包括：驻现场职员、交通、福利和现场办公室费用，保险费以及保函费用等等。约占直接费的15%～25%。

c. 管理费、风险费和利润。约占直接费的15%。

(2) 工程量清单

工程量清单的主要作用是为参加竞标者提供一个平等的报价基础。工程量清单通常被认为是合同文本的一部分。合同条款、图纸及技术规范应与工作量清单同时由发包方提供，清单中的任何错误都容许在以后修改。因而承包商在报价时不必对工程量进行复核，这样可以减少投标的准备时间。

工程量清单中的计价方法一般分为两类：一类是按单价计价项目，如土方开挖按每立方米多少钱；另一类是按项包干计算，如工程保险费等。编写工程量时要把有关项目写全，最好将工程量清单采用的图纸号也在相应的条目说明的地方注明，以方便承包报价。工程量清单一般有下述5部分构成：即开办费、分部工程概要、工程量部分、暂定金额和主要成本、汇总。

美国工程计价管理模式

(1) 美国工程计价级别

美国工程计价共分5级，见下表。

美国工程计价级别

级　序	名　　称	精　度
第1级	数量级估算	−30%～+50%
第2级	概念计算	+15%～+30%
第3级	初步计算	−10%～+20%
第4级	详细计算	−5%～+15%
第5级	完全详细计算	−5%～+5%

(2) 业主与承包商计价的差异

业主与承包商的估价结果有很大不同，这是因为他们不同的观点、概念、交易管理风险、介入深度、估价所需的准确性以及估价方法的使用不同所致。

业主的估价一般在研究和发展阶段进行，当他们进行一个新工艺的可行性研究时需要考虑工艺技术及应用风险、投资策略、场地选择、市场影响、装船、操作、后勤以及合同管理策略等一系列的问题，其中每一项都对成本具有影响，具有较大的不确定性，其采用的估价方法一般为参数法。

对于服务于业主方的估价人员来讲，可供其使用估价数据来源有专业协会，大型工程咨询顾问公司以及有关政府部门出版的有关工程造价的商业出版物。

美国的大型承包商都有自己的一套估价系统，同时把其单价视为商业机密，不向业主及社会公开其价格信息。

相对业主来讲，承包商的考虑范围要小一些。因为承包商一般均在项目的中期和后期才开始介入，此时业主的意图已经确定，已经对多个方案进行了研究，并对其进行了较为充分的比较、选择，项目的范围和轮廓一般已相当清晰。承包商只需根据业主给出的初始条件来设计，拟定施工实施方案，承包商采用的估价方法一般为计算单位成本或用项目估算法。

从以上欧洲各国与美国的工程造价也可得出一个共同的概念，即工程造价均属工程项目管理业的分支或组成部门。其服务范围是从项目策划、立项起，直到竣工、维修及后评估的全面服务。其中内容包括项目投资、进度、质量、合同、索赔、信息、管理等全过程，并且划分极细。此外。项目管理公司可以接受业主、设计单位、施工单位及政府部门的委托服务。

法国工程计价管理模式

法国的工程计价是采用工程量清单计价方法，无社会统一定额单价，基本上是以企业定额报价，包括直接费、风险、利润等费用。

根据项目各阶段工作深度及所掌握项目资料的不同，工程造价计算通常分为4个阶段：

第一阶段：项目规划、可行性研究阶段，进行大致估算，准确的可达到±30%；

第二阶段：工艺方案设计阶段，进行较详细估算，准确的可达到±15%～25%；

第三阶段：基本设计、招标文件准备阶段，进行详细估算，准确度可达到±5%。通常项目业主以基本设计所估算的总投资作为投资的控制目标。在基本设计阶段，已明确土建、工艺、设备、电器等专业的标准、规格和数量，厂房布置图提出了主要设备清单，完成了标书的编制，在此阶段得出的估算投资一般不会突破。

第四阶段：施工图设计阶段，设计单位能保证各分部工程预算控制在基本设计所确定的限额内。在法国，造价的控制是通过控制建设标准、优化设计，尤其是加强合同管理，包括制定标准合同总条款、严格合同同文本的审查、加强合同执行中的监督来实现的。

日本工程计价管理模式

日本工程计价有统一的定额标准。在日本也实行量、价分离，其计价活动，与我国工程计价体系有相似之处。

日本的工程计算，属于量价分离的计价模式。日本作为一个发达的经济大国，市场化程度非常高，法制健全，建筑市场已非常巨大，其单价是以市场为取向的，即基本上按照市场参考价格。隶属于日本官方机构的"经济调查会"和"建筑物价调查会"，专门负责调查各种相关的经济数据和指标，与建筑工程造价相关的有："建筑物价"杂志、"计算资料"（月刊）、"土木施工单价"（季刊）、"建筑施工单价"（季刊）、"物价版"（周刊）及"计算资料袖珍版"等定期刊性资料，另外还在因特网上提供一套"物价版"（周刊）登载的资料。该调查会还受托对政府实际情况，报告市场各种建筑材料的工程价、材料价、印刷费、运输费和劳务费。价格的资料来源是各地商社、建材店、货场或工地实地调查所得。每种材料都标明由工厂运至工地或由商店运至工地的差别，并标明各自的升降状态。通过这种价格完成的工程预算比较符合实际，体现了"市场定价"的原则，而且不同地区不同价，有利于在同等的条件下投标报价。

日本的工程造价管理实行的是类似我国的定额取费方式，建设省制定一整套工程计价标准，即"建筑工程计算基准"，其工程计价的前提是确定数量（工程量），而这种工程量计算规则是由建筑计算研究会编制的《建筑数量计算基准》，该基准为政府公共工程和民间（私人）工程同时广泛应用，所有工程一般先有建筑计算人员按此规则计算出工程量。工程量计算业务以设计图及设计书为基础，对工程数量进行调查、记录、合计、计量、计算构成建筑物的各部分；其具体方法是将工程量按种目、科目、细目进行分类，即整个工程分为不同的种目（即建筑工程、电气设备工程和机械设备工程），每一种目又分为不同科目，每一科目再细分到各个细目，每一项目相当于分项工程。《建设省建筑工程计算基准》中制定了一套"建筑工程标准定额（步挂）"，对于每一细目以列表形式列明的人、材、机械的消耗量及一套其他经费（如分包经费），通过对其结果分类、汇总，制作详细清单，这样就可以根据材料、劳务、机械器具的市场价格计算出细目的费用，继而可算出整个工程的纯工程费。这些占整个计算业务的 60%～70%，成为计算技术的基础。

整个项目的费用是由纯工程费、临时设施费、现场经费、一般管理费及消费税等部分构成。对于临时设施费、现场经费和管理费按实际成本计算，或根据过去的经验按照与纯工程费的比率予以计算。

3. 竣工结算与竣工决算的关系

建筑工程竣工结算是建设单位竣工决算的一个组成部分。建筑工程竣工结算造价加上建筑安装工程费、设备购置费、勘察设计费、征地拆迁费和一切建设单位为这个建设项目中开支的其他全部费用，才能成为该项目完整的竣工决算。

区别与联系：

竣工结算是由施工单位编制的，一般以单位工程为对象；竣工决算是由建设单位编制的，一般以一个建设项目或单项工程为对象。

竣工结算如实反映了单位工程竣工后的工程造价；竣工决算综合反映了竣工项目建设成果和财务情况。

竣工决算由若干个工结算和费用概算汇总而成。

（二）综合实训工程量计算参考答案（部分）

1. 计算常用数据（见附表 1）

常用数据工程量计算书　　　　　　　　　　　　　　　附表 1

工程名称：建筑学院家属区围合工程 2 号传达室　　　　　　第 1 页　共 1 页

序号	分部分项工程名称	单位	工程量	部位	计 算 公 式
	一：三线一面				
1	外墙外边线	m	12.3	传达室	$(3.3+0.2+3.9+0.2)\times2-(2.7+0.2)$
2		m	8.3	值班室	$2.7\times2+(2.7+0.2)$
3	外墙中心线	m	11.7	传达室	$(3.3+3.9)\times2-2.7$
4		m	8.1	值班室	2.7×3
5	内墙中心线	m	2.5		$2.7-0.2$
6	内墙净长线	m	13.6	传达室	$(3.3-0.2+3.9-0.2)\times2$
7		m	10	值班室	$(2.7-0.2)\times4$
8	建筑面积	m²	32.02		$(8.1+0.4+0.1)(3.9+0.2)-2.7\times0.6\times2=$ $35.26-3.24$
	二：洞口面积				
9	门窗洞口	m²	13.11		$4.5+1.8+4.65+2.16$
10	C1	m²	4.5		$1.5\times1.5\times2$
11	C2	m²	1.8		1.2×1.5
12	MC1	m²	4.65		$1\times2.4+1.5\times1.5$
13	M1	m²	2.16		$0.9\times2.4=2.16$
	三：其他				
14	室内净面积	m²	24.63		$11.47+6.25+6.91$
15		m²	11.47	传达室	$(3.3-0.2)(3.9-0.2)$
16		m²	6.25	值班室	$(2.7-0.2)(2.7-0.2)$
17		m²	6.91	平台	$(2.1+0.175+0.1-0.1-0.3)(3.9+0.2-$ $0.3\times2)$
18	女儿墙中心线长	m	27.3		$19.2+8.1$
19		m	19.2	高处	$(0.3+2.1+3.3+3.9)\times2$
20		m	8.1	低处	2.7×3
21	女儿墙内侧净长线	m	28.4		$18.4+10$
22		m	18.4	高处	$(0.3+2.1+3.3-0.2+3.9-0.2)\times2$
23		m	10	低处	$(2.7-0.2)\times4$
24	女儿墙内平面面积	m²	26.6		$20.35+6.25$
25		m²	20.35	高处	$(0.3+2.1+3.3-0.2)(3.9-0.2)$
26		m²	6.25	低处	$(2.7-0.2)(2.7-0.2)$

2. 2号传达室组价工程量计算参考答案(见附表2,附表3)

工程量计算书 　　　　　　　　　　　　　　　　　　　　附表2

工程名称:建筑学院家属区围合工程2号传达室　　　　　　　第1页 共6页

序号	分部分项工程名称	单位	工程量	部位	计算公式
	建筑面积	m²	32.02		$(8.1+0.4+0.1)(3.9+0.2)-2.7\times0.6\times2$ $=8.6\times4.2-3.24$
	一、土石方工程				
1	平整场地	m²	98.92		$(8.6+4)(4.1+4)-3.24$
2	挖基坑	m³	11.07		$2.448+8.619$
				J-1	$(0.6+0.3\times2)(0.6+0.3\times2)\times(1-0.15)\times2=2.448m^3$
				J-2	$(0.7+0.6)(0.7+0.6)\times0.85\times6=8.619m^3$
3	挖基槽	m³	10.14		$0.8\times0.75\times16.9$
				宽	$0.2+0.6=0.8m$
				深	$0.9-0.15=0.75m$
				长	$3.7+1.85+3.15+2.05+4.9+1.25=16.9m$
				(A)(D)轴	$(3.3+0.1\times2-0.175\times2-1.3)\times2=3.7m$
				(A)~(B) (C)~(D)	$(2.1-0.1+0.175-0.6-0.65)\times2=1.85m$
				(C)(D)轴	$(2.7-0.1-0.3+0.1-0.175-0.65)\times2=3.15m$
				①	$2.7+0.275\times2-1.2=2.05m$
				②③	$(3.9+0.2-0.35-1.3)\times2=4.9m$
				④	$2.7+0.2-0.35-1.3=1.25m$
4	基础回填土	m³	15.45		$11.07+11.16-0.61-1.46-0.32-1.75-1.62$
				扣垫层	$0.61m^3$ 见附表2序号8
				扣柱基	$1.46m^3$ 见附表2序号15
				扣部分柱 (室外地坪下)	$0.1225\times(0.5-0.15)\times6+0.0962\times0.35\times2=0.32m^3$
				扣DKL	$1.75m^3$ 见附表2序号19
				扣部分砖基 (室外地坪下)	$(0.45-0.1)\times0.24\times19.3=1.62m^3$ $19.3m$ 见附表2序号9 长
5	室内挖土方	m³	0.99		24.63×0.04
				室内净面积	$24.63m^2$ 见附表1序号14
				挖土厚	$0.19-0.15=0.04m$
6	余土外运	m³	6.75		$11.07+10.14-15.45+0.99=6.75$
7	挖一类土土方	m³	6.75		$11.07+10.14-15.45+0.99=6.75$

序号	分部分项工程名称	单位	工程量	部位	计算公式
	二、打桩及基础垫层				
8	C15 混凝土垫层	m³	0.61		$0.128+0.486$
				J-1	$0.8\times0.8\times0.1\times2=0.128m^3$
				J-2	$0.9\times0.9\times0.1\times6=0.486m^3$
	三、砌筑工程				
9	砖基础(M7.5 水泥砂浆；－0.05m 以下)	m³	2.08		$0.45\times0.24\times19.3$
				高	$0.5-0.05=0.45$
				厚	0.24
				长	$5.6+4.7+6.8+2.2=19.3m$
				(A)(D)	$(3.3+0.2-0.35\times2)\times2=5.6m$
				(B)(C)	$(2.7-0.1+0.1-0.35)\times2=4.7m$
				②③	$(3.9+0.2-0.35\times2)\times2=6.8m$
				④	$2.7+0.2-0.35\times2=2.2m$
10	加气混凝土砌块(M7.5 混合砂浆)	m³	8.7		$(12.4\times3.5+6.9\times2.6-13.11)\times0.2-0.43-0.52$
				传达室	
				长	$5.6+6.8=12.4m$ 见附表 2 序号 9
				高	$3.85-0.4+0.05=3.5m$
				门卫室	
				长	$4.7+2.2=6.9m$ 见附表 2 序号 9
				高	$2.95-0.4+0.05=2.6m$
				厚	$0.2m$
				扣 MC 洞口	$13.11m^2$ 见附表 1 序号 9
				扣过梁	$0.43m^3$ 见附表 2 序号 20
				扣 GZ1	$0.52m^3$ 见附表 2 序号 18GZ1
11	女儿墙(M7.5 水泥砂浆)	m³	2.32		$0.42\times0.24\times27.3-0.432$
				高	$0.5-0.08=0.42m$
				厚	$0.24m$
				长	$27.3m$ 见附表 1 序号 18
				扣 GZ2	$0.432m^3$ 见附表 2 序号 18GZ2
12	防潮层	m²	17.37		$0.45\times19.3\times2(面)19.3$ 见序 9 长

工程名称：建筑学院家属区围合工程 2 号传达室　　　　　

序号	分部分项工程名称	单位	工程量	部位	计算公式
	四、钢筋工程				
13	现浇构件 φ12 内	t	0.686		详见附表 6 钢筋计算表
14	现浇构件 φ25 内	t	0.828		详见附表 6 钢筋计算表
	五、混凝土工程				
15	独立基础 C35	m³	1.46		0.288＋1.176
				J－1	0.6×0.6×0.4×2＝0.288m³
				J－2	0.7×0.7×0.4×6＝1.176m³
16	矩形框架柱	m³	2.98	KZ1	0.1225×4.35×4＋0.1225×3.45×2
				断面积	0.35×0.35＝0.12251m³
				高 1	3.85＋0.5＝4.35m
				高 2	2.95＋0.5＝3.45m
				根数	4＋2
17	圆形框架柱	m³	0.66	KZ2	0.0962×3.45×2
				断面积	3.142×0.175×0.175＝0.0962m²
				高	2.95＋0.5＝3.45m
				根数	2
18	构造柱	m³	0.95		0.522＋0.432
				GZ1	0.04×4.35×3＝0.522m³
				断面积	0.2×0.2＝0.04m²
				高	3.85＋0.5＝4.35m
				根数	2(墙相交处)＋1(窗洞口处)＝3
				GZ2	0.0576×0.5×15＝0.432m²
				断面积	0.24×0.24＝0.0576m²
				高	0.5m
				根数	4(四角)＋2×2(横向)＋1×2(纵向) ＋2(角处)＋3(中间)＝15
19	地框梁(DKL)	m³	1.75		0.08×21.85
				断面积	0.2×0.4＝0.08m²
				长	4.2＋3.05＋4＋2.65＋6.1＋1.85＝21.85m
				(A)(D)	(3.3＋0.2－0.7×2)×2＝4.2m
				(A)～(B) (C)～(D)	(2.1－0.3－0.1＋0.175－0.35)×2＝3.05m
				(B)(C)	(2.7－0.1＋0.1－0.7)×2＝4m
				①	2.7＋0.275×2－0.3×2＝2.65m
				②③	(3.9＋0.2－0.35－0.7)×2＝6.1m
				④	2.7＋0.2－0.35－0.7＝1.85m

工程名称：建筑学院家属区围合工程2号传达室　　　　　　

序号	分部分项工程名称	单位	工程量	部位	计算公式
20	过梁	m³	0.43		$0.054 + 0.222 + 0.155$
				GL1	$0.036 \times 1.5 = 0.054 m^3$
				断面积	$0.2 \times 0.18 = 0.036 m^2$
				长	$0.9 + 0.6 = 1.5m$
				根数	1根
				GL2	$0.04 \times 2.1 \times 2 + 0.03 \times 1.8 \times 1 = 0.222 m^3$
				C1处断面积	$0.2 \times 0.2 = 0.04 m^2$
				长	$1.5 + 0.6 = 2.1m$
				根数	2
				C2处断面积	$0.2 \times (2.95 - 2.4 - 0.4) = 0.03 m^2$
				长	$1.2 + 0.6 = 1.8m$
				根数	1
				GL3	$0.05 \times 3.1 \times 1 = 0.155 m^3$
				断面积	$0.2 \times 0.25 = 0.05 m^2$
				长	$1.5 + 1 + 0.6 = 3.1m$
				根数	1
21	有梁板	m³	7.51		$3.99 + 3.522$
	梁(突出板部分)				$0.3248 + 0.1972 + 0.1972 + 0.3248 + 1.259$ $+ 0.2726 + 1.4145 = 3.99 m^3$
				KL1	$0.058 \times 2.8 \times 2 = 0.3248 m^3$
				断面积	$0.2 \times (0.4 - 0.11) = 0.058 m^2$
				长	$3.3 + 0.2 - 0.7 = 2.8m$
				根数	2根
				KL2	$0.058 \times 3.4 = 0.1972 m^3$
				断面积	$0.058 m^2$
				长	$3.9 + 0.2 - 0.7 = 3.4m$
				根数	1
				KL3	同 KL2　$0.1972 m^3$
				KL4	$0.058 \times (3.4 + 2.2 \times 1) = 0.3248 m^2$
				断面积	$0.058 m^2$
				长1	3.4m
				根数	1根
				长2	$2.87 + 0.2 - 0.7 = 2.2m$
				根数	1根
				KL5	$0.345 \times 1.825 \times 2 = 1.259 m^3$
				断面积	$0.5 \times (0.8 - 0.11) = 0.345 m^2$

序号	分部分项工程名称	单位	工程量	部位	计算公式
				长	$2.1 - 0.175 + 0.1 = 1.825m$
				根数	2 根
				KL6	$0.058 \times 2.35 \times 2 = 0.2726m^3$
				断面积	$0.058m^2$
				长	$2.7 - 0.1 + 0.1 - 0.35 = 2.35m$
				根数	2 根
				KL7	$0.345 \times 4.1 = 1.4145m^3$
				断面积	$0.345m^2$
				长	$3.9 + 0.1 \times 2 = 4.1m$
				根数	1 根
				板	$32.02 \times 0.11 = 3.522m^3$
				面积	$(8.1 + 0.4 + 0.1)(3.9 + 0.2) - 2.7 \times 0.6 \times 2$ $= 35.26 - 3.24 = 32.02m^2$
				厚	$0.11m$
22	女儿墙压顶	m^3	0.40		$0.0168 \times 27.3 - 0.06$
				断面积	$0.24 \times 0.07 = 0.0168m^2$
				长	27.3m 见附表 1 序号 18
				扣 GZ	$0.24 \times 0.24 \times 0.07 \times 15 = 0.06$
23	小型构件	m^3	0.16		$0.062 + 0.100$
				窗套	$0.0036 \times 17.2 = 0.062m^3$
				断面积	$0.06 \times 0.06 = 0.0036m^2$
				长	$9 + 4.2 + 4 = 17.2m$
				C1 处	$1.5 \times 3 \times 2(个) = 9m$
				C2 处	$1.5 \times 2 + 1.2 = 4.2m$
				MC1 处	$1 + 1.5 + 1.5 = 4m$
				窗台板	$0.26 \times 0.06 \times 6.4 = 0.10m^3$
				宽	$0.2 + 0.06 = 0.26m$
				厚	$0.06m$
				长	$3.4 + 1.4 + 1.6 = 6.4m$
				C1	$(1.5 + 0.2) \times 2 = 3.4m$
				C2	$1.2 + 0.2 = 1.4m$
				MC1	$1.5 + 0.1 = 1.6m$
24	混凝土台阶	m^2	2.42		$(2.1 + 0.175 + 0.1 - 0.1)(3.9 + 0.2) - 6.91)$

序号	分部分项工程名称	单位	工程量	部位	计算公式
	六、屋平，立面防水保温隔热工程				
25	屋面 1∶3 水泥砂浆炉渣	m³	2.24		$20.35 \times 0.087 + 6.25 \times 0.075$
				平面(大)	20.35m² 见附表 1 序号 25
				厚	$0.05 + (3.9 - 0.2) \times 2\% \div 2 = 0.087m$
				平面(小)	6.25m² 见附表 1 序号 26
				厚	$0.05 + (2.7 - 0.2) \times 2\% \div 2 = 0.075m$
26	挤塑板	m²	26.6		26.6 见附表 1 序号 24
27	防水卷材	m²	33.7		$26.6 + 7.1$
				平面	26.6m²
				泛水处	$28.4 \times 0.25 = 7.1m²$　28.4 见附表 1 序号 21
28	PVC 落水管				$3.9 + 3 = 6.9m$
29	PVC 水斗				2 个
30	铸铁弯头				2 个

措施项目工程量计算书　　　　　　　　　　　附表 3

工程名称：建筑学院家属区围合工程 2 号传达室　　　　　第 1 页　共 1 页

序号	措施项目工程名称	单位	工程量	部位	计 算 公 式
	一、脚手架				
1	砌筑外架	m²	132.67		102.375 + 30.295
				传达室	22.5 × 4.55 = 102.375
				长	(8.1 + 0.4 + 01 + 3.9 + 0.2) × 2 − (2.7 + 0.2) = 22.5
				高	4.4 + 0.15 = 4.55m
				值班室	8.3 × 3.65 = 30.295
				长	8.3m 见附表 1 序号 2
				高	3.5 + 0.15 = 3.65m
2	砌筑里架	m²	6.5		2.5 × 2.6
				长	2.5m 见附表 1 序号 5
				高	2.95 − 0.4 + 0.05 = 2.6m
	二、模板工程				
3	混凝土垫层	m²	0.12		0.61 × 0.2
4	独立基础	m²	2.74		1.46 × 1.88
5	矩形框架柱	m²	39.72		2.98 × 13.33
6	圆形桩架柱	m²	7.54		0.66 × 11.43
7	构造柱	m²	10.55		0.95 × 11.10
8	地框梁	m²	4.38		1.75 × 2.5
9	过梁	m²	5.16		0.43 × 12
10	有梁板	m²	60.61		7.51 × 8.07
11	压顶	m²	4.44		0.40 × 11.1
12	小型构件(窗套窗台板)	m²	2.88		0.16 × 18
13	台阶	m²	2.42		2.42 见附表 2 序号 24
	三、建筑工程垂直运输				
14	卷扬机施工	天			45

3. 2号传达室清单工程量计算参考答案(见附表4,附表5)

分部分项工程量计算书   **附表4**

工程名称:建筑学院家属区围合工程2号传达室   第1页 共6页

序号	分部分项工程名称	单位	工程量	部位	计 算 公 式
	建筑面积	m²	32.02		$(8.1+0.4+0.1)(3.9+0.2)-2.7\times0.6\times2$ $=8.6\times4.2-3.24$
	A1、土石方工程				
1	平整场地	m²	32.02		$(8.1+0.4+0.1)(3.9+0.2)-2.7\times0.6\times2$ $=8.6\times4.2-3.24$
2	挖基础土方(挖基坑)	m³	5.219		$1.088+4.131=5.219$
				J-1	$0.8\times0.8\times(1-0.15)\times2=1.088m^3$
				J-2	$0.9\times0.9\times0.85\times6=4.131$
3	挖基础土方(挖基槽)	m³	2.535		$0.2\times0.75\times16.9$
				宽	$0.2m$
				深	$0.9-0.15=0.75m$
				长	$3.7+1.85+3.15+2.05+4.9+1.25=16.9m$
				(A)(D)轴	$(3.3+0.1\times2-0.175\times2-1.3)\times2=3.7m$
				(A)~(B) (C)~(D)	$(2.1-0.1+0.175-0.6-0.65)\times2=1.85m$
				(C)(D)轴	$(2.7-0.1-0.3+0.1-0.175-0.65)\times2=3.15m$
				①	$2.7+0.275\times2-1.2=2.05m$
				②③	$(3.9+0.2-0.35-1.3)\times2=4.9m$
				④	$2.7+0.2-0.35-1.3=1.25m$
4	挖土方(室内)	m³	0.99		24.63×0.04
				室内净面积	$11.47+6.25+6.91=24.63m^2$ 见附表1序号14
				挖土厚	$0.19-0.15=0.04m$
5	土方回填(基础)	m³	2.98		$5.219+2.535+0.99-0.61-1.46-0.32-1.75-1.62$
				扣垫层	$0.61m^3$ 见附表2序号8
				扣柱基	$1.46m^3$ 见附表2序号15
				扣部分柱 (室外地坪下)	$0.1225\times(0.5-0.15)\times6+0.0962\times0.35\times2=0.32m^3$
				扣DKL	$1.75m^3$ 见附表2序号19
				扣部分砖基 (室外地坪下)	$(0.45-0.1)\times0.24\times19.3=1.62m^3$ 19.3m 见附表2序号9 长
	(余土外运)	m³	5.76		$5.219+2.535+0.99-2.98$
	(挖一类土方)	m³	5.76		$5.219+2.535+0.99-2.98$
	A3、砌筑工程				

工程名称：建筑学院家属区围合工程 2 号传达室　　　　

序号	分部分项工程名称	单位	工程量	部位	计 算 公 式
6	砖基础(M7.5 水泥砂浆；－0.05m 以下)	m³	2.08		0.45×0.24×19.3
				高	0.5－0.05＝0.45
				厚	0.24
				长	5.6＋4.7＋6.8＋2.2＝19.3m
				(A)(D)	(3.3＋0.2－0.35×2)×2＝5.6m
				(B)(C)	(2.7－0.1＋0.1－0.35)×2＝4.7m
				②③	(3.9＋0.2－0.35×2)×2＝6.8m
				④	2.7＋0.2－0.35×2＝2.2m
7	砌块墙(加气混凝土砌块，M7.5 混合砂浆)	m³	8.7		(12.4×3.5＋6.9×2.6－13.11)×0.2－0.43－0.52
				传达室	
				长	5.6＋6.8＝12.4m 见附表 2 序号 10 长
				高	3.85－0.4＋0.05＝3.5m
				门卫室	
				长	4.7＋2.2＝6.9m 见附表 2 序号 10 长
				高	2.95－0.4＋0.05＝2.6m
				厚	0.2m
				扣 MC 洞口	13.11m² 见附表 1 序号 9
				扣过梁	0.43m³ 见附表 2 序号 20
				扣 GZ1	0.52m³ 见附表 2 序号 18GZ1
8	实心砖墙(女儿墙，M7.5 水泥砂浆)	m³	2.75		0.42×0.24×27.3
				高	0.5－0.08＝0.42m
				厚	0.24m
				长	27.3m 见附表 1 序号 18
				扣 GZ2	0.432m³ 见附表 2 序号 18GZ2
	A4、混凝土工程及钢筋混凝土工程				
9	独立基础 C35	m³	1.46		0.288＋1.176
				J－1	0.6×0.6×0.4×2＝0.288m³
				J－2	0.7×0.7×0.4×6＝1.176m³

工程名称：建筑学院家属区围合工程2号传达室

序号	分部分项工程名称	单位	工程量	部位	计 算 公 式
10	C15 混凝土垫层	m³	0.61		$0.128+0.486$
				J－1	$0.8\times0.8\times0.1\times2=0.128m^3$
				J－2	$0.9\times0.9\times0.1\times6=0.486m^3$
11	矩形柱(矩形框架柱)	m³	2.98	KZ1	$0.1225\times4.35\times4+0.1225\times3.45\times2$
				断面积	$0.35\times0.35=0.12251m^2$
				高1	$3.85+0.5=4.35m$
				高2	$2.95+0.5=3.45m$
				根数	$4+2$
12	矩形柱(构造柱)	m³	0.95		$0.522+0.432$
				GZ1	$0.04\times4.35\times3=0.522m^3$
				断面积	$0.2\times0.2=0.04m^2$
				高	$3.85+0.5=4.35m$
				根数	2(墙相交处)＋1(窗洞口处)＝3
				GZ2	$0.0576\times0.5\times15=0.432m^2$
				断面积	$0.24\times0.24=0.0576m^2$
				高	$0.5m$
				根数	4(四角)＋2×2(横向)＋1×2(纵向) ＋2(角处)＋3(中间)＝15
13	圆形框架柱	m³	0.66	KZ2	$0.0962\times3.45\times2=0.66m^3$
				断面积	$\pi r^2=3.14\times0.175^2=0.0962m^2$
				高	$2.95+0.5=3.45m$
				根数	2
14	地框梁(DKL)	m³	1.75		0.08×21.85
				断面积	$0.2\times0.4=0.08m^2$
				长	$4.2+3.05+4+2.65+6.1+1.85=21.85m$
				(A)(D)	$(3.3+0.2-0.7\times2)\times2=4.2m$
				(A)～(B) (C)～(D)	$(2.1-0.3-0.1+0.175-0.35)\times2=3.05m$
				(B)(C)	$(2.7-0.1+0.1-0.7)\times2=4m$
				①	$2.7+0.275\times2-0.3\times2=2.65m$
				②③	$(3.9+0.2-0.35-0.7)\times2=6.1m$
				④	$2.7+0.2-0.35-0.7=1.85m$
15	过梁	m³	0.43		$0.054+0.222+0.155$
				GL1	$0.036\times1.5=0.054m^3$
				断面积	$0.2\times0.18=0.036m^2$
				长	$0.9+0.6=1.5m$

工程名称：建筑学院家属区围合工程 2 号传达室　　　　　　　

序号	分部分项工程名称	单位	工程量	部位	计　算　公　式
				根数	1 根
				GL2	$0.04 \times 2.1 \times 2 + 0.03 \times 1.8 \times 1 = 0.222m^3$
				C1 处断面积	$0.2 \times 0.2 = 0.04m^2$
				长	$1.5 + 0.6 = 2.1m$
				根数	2
				C2 处断面积	$0.2 \times (2.95 - 2.4 - 0.4) = 0.03m^2$
				长	$1.2 + 0.6 = 1.8m$
				根数	1
				GL3	$0.05 \times 3.1 \times 1 = 0.155m^3$
				断面积	$0.2 \times 0.25 = 0.05m^2$
				长	$1.5 + 1 + 0.6 = 3.1m$
				根数	1
16	有梁板	m^3	7.51		$3.99 + 3.522$
	梁(突出板部分)				$0.3248 + 0.1972 + 0.1972 + 0.3248 + 1.259$ $+ 0.2726 + 1.4145 = 3.99m^3$
				KL1	$0.058 \times 2.8 \times 2 = 0.3248m^3$
				断面积	$0.2 \times (0.4 - 0.11) = 0.058m^2$
				长	$3.3 + 0.2 - 0.7 = 2.8m$
				根数	2 根
				KL2	$0.058 \times 3.4 = 0.1972m^3$
				断面积	$0.058m^2$
				长	$3.9 + 0.2 - 0.7 = 3.4m$
				根数	1
				KL3	同 KL2　$0.1972m^3$
				KL4	$0.058 \times (3.4 + 2.2 \times 1) = 0.3248m^3$
				断面积	$0.058m^2$
				长 1	$3.4m$
				根数	1 根
				长 2	$2.87 + 0.2 - 0.7 = 2.2m$
				根数	1 根
				KL5	$0.345 \times 1.825 \times 2 = 1.259m^3$
				断面积	$0.5 \times (0.8 - 0.11) = 0.345m^2$
				长	$2.1 - 0.175 + 0.1 = 1.825m$
				根数	2 根
				KL6	$0.058 \times 2.35 \times 2 = 0.2726m^3$
				断面积	$0.058m^2$

工程名称：建筑学院家属区围合工程 2 号传达室　　　　　　　第 5 页　共 6 页

序号	分部分项工程名称	单位	工程量	部位	计 算 公 式
				长	$2.7-0.1+0.1-0.35=2.35$m
				根数	2 根
				KL7	$0.345\times4.1=1.4145$m³
				断面积	0.345m²
				长	$3.9+0.1\times2=4.1$m
				根数	1 根
				板	$32.02\times0.11=3.522$m³
				面积	$(8.1+0.4+0.1)(3.9+0.2)-2.7\times0.6\times2$ $=35.26-3.24=32.02$m²
				厚	0.11m
17	其他构件（压顶）	m³	0.4		$0.0168\times27.3-0.06$
				断面积	$0.24\times0.08=0.0168$m²
				长	27.3m 见附表 1 序号 18
				扣 GZ	$0.24\times0.24\times0.07\times15=0.06$
18	其他构件 （窗套，窗台板）	m³	0.16		$0.062+0.100$
				窗套	$0.0036\times17.2=0.062$m³
				断面积	$0.06\times0.06=0.0036$m²
				长	$9+4.2+4=17.2$m
				C1 处	$1.5\times3\times2(个)=9$m
				C2 处	$1.5\times2+1.2=4.2$m
				MC1 处	$1+1.5+1.5=4$m
				窗台板	$0.26\times0.06\times6.4=0.10$m³
				宽	$0.2+0.06=0.26$m
				厚	0.06m
				长	$3.4+1.4+1.6=6.4$m
				C1	$(1.5+0.2)\times2=3.4$m
				C2	$1.2+0.2=1.4$m
				MC1	$1.5+0.1=1.6$m
19	其他构件 （混凝土台阶）	m²	2.42		$(2.1+0.175+0.1-0.1)(3.9+0.2)-6.91)$
20	现浇构件（ϕ12 内）	t	0.686		详见附表 6 钢筋计算表
21	现浇构件（ϕ25 内）	t	0.828		详见附表 6 钢筋计算表
	A7、屋面及防水工程				

工程名称：建筑学院家属区围合工程2号传达室　　　　　　　第6页　共6页

序号	分部分项工程名称	单位	工程量	部位	计　算　公　式
22	防水卷材	m²	33.7		26.6＋7.1
				平面	26.6m²
				泛水处	28.4×0.25＝7.1m²　28.4见附表1序号21
23	排水管(PVC落水管)				3.9＋3＝6.9m
	(PVC水斗)				2个
	(铸铁弯头)				2个
24	防潮层	m²	17.37		0.45×19.3×2(面)19.3见附表2序号9长
25	屋面1：3 水泥砂浆炉渣	m³	2.34		20.35×0.087＋6.25×0.075
				平面(大)	20.35m² 见附表1序号25
				厚	0.05＋(3.9－0.2)×2%÷2＝0.075m
				平面(小)	6.25m² 见附表1序号26
				厚	0.05＋(2.7－0.2)×2%÷2＝0.075m
26	挤塑板	m²	26.6		26.6见附表1序号24

措施项目工程量计算书　　　　　　　　　　　　　　　　　　**附表5**

工程名称：建筑学院家属区围合工程2号传达室　　　　　　　第1页　共1页

序号	措施项目工程名称	单位	工程量	部位	计　算　公　式
	通用措施项目				
1	现场安全文明施工				
1.1	基本费				
1.2	考评费				
1.3	奖励费				
2	冬雨期施工费				
3	以完工程及设备保护				
4	临时设施				
5	材料与设备检验试验				
	专业工程措施项目				
1	脚手架	项	1		
2	模板工程	项	1		
3	建筑工程垂直运输	项	1		

4. 2号传达室钢筋工程量参考答案(见附表6～附表9)

钢 筋 计 算 表   **附表6**

工程名称：建筑学院家属区围合工程2号传达室   第1页　共18页

楼层名称：基础层   钢筋总重：729.886kg

1 构件名称：KZ-1[549]   构件数量：2   本构件钢筋重：26.986kg

构件位置：<2-75, D+75>；<2-75, A+75>

筋号	级别	直径	钢筋图形	计算公式	根数	总根数	单长	总长	总重
全部纵筋 插筋.1		14	150L 2526	$3600/3 + 69 \times d + 400 - 40 + max(8 \times d, 150)$	8	16	2.676	42.816	51.74
箍筋.1		8	290 〔290〕	$2 \times ((350 - 2 \times 30) + (350 - 2 \times 30)) + 2 \times (11.9 \times d) + (8 \times d)$	2	4	1.414	5.656	2.232

2 构件名称：KZ-1[550]   构件数量：2   本构件钢筋重：28.271kg

构件位置：<3-75, D-75>；<3+75, A-75>

筋号	级别	直径	钢筋图形	计算公式	根数	总根数	单长	总长	总重
全部纵筋 插筋.1		14	150L 2659	$4000/3 + 69 \times d + 400 - 40 + max(8 \times d, 150)$	8	18	2.809	44.944	54.311
箍筋.1		8	290 〔290〕	$2 \times ((350 - 2 \times 30) + (350 - 2 \times 30)) + 2 \times (11.9 \times d) + (8 \times d)$	2	4	1.414	5.656	2.232

3 构件名称：KZ-1[561]   构件数量：2   本构件钢筋重：25.371kg

构件位置：<4-75, C-75>；<4+75, B-75>

筋号	级别	直径	钢筋图形	计算公式	根数	总根数	单长	总长	总重
全部纵筋 插筋.1		14	150L 2358	$3100/3 + 69 \times d + 400 - 40 + max(8 \times d, 150)$	8	16	2.509	40.144	48.511
箍筋.1		8	290 〔290〕	$2 \times ((350 - 2 \times 30) + (350 - 2 \times 30)) + 2 \times (11.9 \times d) + (8 \times d)$	2	4	1.414	5.656	2.232

工程名称：建筑学院家属区围合工程 2 号传达室　　　　**第 2 页　共 18 页**

楼层名称：基础层	钢筋总重: 729.886kg

4 构件名称：KZ－2[695]	构件数量: 2	本构件钢筋重: 27.505kg

构件位置：<1＋275，C>；<1－275，B>

筋号	级别	直径	钢筋图形	计算公式	根数	总根数	单长	总长	总重
全部纵筋 插筋.1		14	150⌐ 2526	$3600 /3 + 69 \times d + 400$ $- 40 + max(8 \times d, 150)$	8	16	2.676	42.816	51.74
其他箍 筋.1		8	直径 350 ⊏350⊐	$2 \times 350 + \pi \times (350 + 2 \times d)$ $+ 4 \times d + 2 \times 11.9 \times d$	2	4	2.072	8.288	3.27

5 构件名称：DKL－1[702]	构件数量: 1	本构件钢筋重: 49.789kg

构件位置：<1＋275，C>；<1－275，B>

筋号	级别	直径	钢筋图形	计算公式	根数	总根数	单长	总长	总重
1跨.下 通长筋1		16	160⌐ 3520 ⌐160	$350 - 40 + 320 /2 + 2900$ $+ 350 - 40 + 320 /2$	3	3	3.84	11.52	18.182
1跨.上 部钢筋1		16	160⌐ 3520 ⌐160	$350 - 40 + 320 /2 + 2900$ $+ 350 - 40 + 320 /2$	3	3	3.84	11.52	18.182
1跨. 箍筋1		8	320 [120]	$2 \times ((200 - 2 \times 40) + (400 - 2 \times 40))$ $+ 2 \times (11.9 \times d) + (8 \times d)$	4	4	1.134	4.536	1.79
1跨.箍 筋2		8	320 [120]	$2 \times ((200 - 2 \times 40) + (400 - 2 \times 40))$ $+ 2 \times (11.9 \times d) + (8 \times d)$	4	4	1.134	4.536	1.79
1跨.箍 筋3		8	320 [120]	$2 \times ((200 - 2 \times 40) + (400 - 2 \times 40))$ $+ 2 \times (11.9 \times d) + (8 \times d)$	22	22	1.134	24.948	9.844

工程名称：建筑学院家属区围合工程 2 号传达室　　　　　第 3 页　共 18 页

| 楼层名称：基础层 | | | | | | | | 钢筋总重：729.886kg |

| 6 构件名称：6DKL－5[704] | | | 构件数量：2 | | | 本构件钢筋重：41.055kg |

构件位置：<1+275, C><2+275, C>；<1－275, B><2－275, B>

筋号	级别	直径	钢筋图形	计算公式	根数	总根数	单长	总长	总重
1跨.下通长筋1		16	160└ 2645 ┘160	$350-40+320/2+1475$ $+900-40+320/2$	3	6	2.965	17.79	28.079
1跨.上部钢筋1		16	160└ 2645 ┘160	$350-40+320/2+1475$ $+900-40+320/2$	3	6	2.965	17.79	28.079
1跨.箍筋1			320 〔120〕	$2\times((200-2\times40)+(400-2\times40))$ $+2\times(11.9\times d)+(8\times d)$	4	8	1.134	9.072	3.58
1跨.箍筋2			320 〔120〕	$2\times((200-2\times40)+(400-2\times40))$ $+2\times(11.9\times d)+(8\times d)$	10	20	1.134	22.68	8.949
1跨.箍筋3			320 〔120〕	$2\times((200-2\times40)+(400-2\times40))$ $+2\times(11.9\times d)+(8\times d)$	15	30	1.134	34.02	13.424

| 7 构件名称：DKL－1[708] | | | 构件数量：2 | | | 本构件钢筋重：49.552kg |

构件位置：<2, A><3, A>；<2, D><3, D>

筋号	级别	直径	钢筋图形	计算公式	根数	总根数	单长	总长	总重
1跨.下通长筋1		16	160└ 3495 ┘160	$350-40+320/2+2875$ $+350-40+320/2$	3	6	3.815	22.89	36.128
1跨.上部钢筋1		16	160└ 3495 ┘160	$350-40+320/2+2875$ $+350-40+320/2$	3	6	3.815	22.89	36.128
1跨.箍筋1			320 〔120〕	$2\times((200-2\times40)+(400-2\times40))$ $+2\times(11.9\times d)+(8\times d)$	4	8	1.134	9.072	3.58
1跨.箍筋2			320 〔120〕	$2\times((200-2\times40)+(400-2\times40))$ $+2\times(11.9\times d)+(8\times d)$	4	8	1.134	9.072	3.58
1跨.箍筋3			320 〔120〕	$2\times((200-2\times40)+(400-2\times40))$ $+2\times(11.9\times d)+(8\times d)$	22	44	1.134	49.896	19.688

工程名称：建筑学院家属区围合工程 2 号传达室　　　　第 4 页　共 18 页

楼层名称：基础层									钢筋总重: 729.886kg

8 构件名称: 8DKL-2[712]			构件数量: 1					本构件钢筋重: 65.867kg	

构件位置: <2, A><2, D>

筋号	级别	直径	钢筋图形	计算公式	根数	总根数	单长	总长	总重
1 跨.下通长筋 1		16	160⌐ 4320 ⌐160	$675-40+320/2+3050$ $+675-40+320/2$	3	3	4.64	13.92	21.971
1 跨.上部钢筋 1		16	160⌐ 4320 ⌐160	$675-40+320/2+3050$ $+675-40+320/2$	3	3	4.64	13.92	21.971
1 跨.箍筋 2		8	320 [120]	$2\times((200-2\times40)+(400-2\times40))$ $+2\times(11.9\times d)+(8\times d)$	7	7	1.134	7.938	3.132
1 跨.箍筋 1		8	320 [120]	$2\times((200-2\times40)+(400-2\times40))$ $+2\times(11.9\times d)+(8\times d)$	7	7	1.134	7.938	3.132
1 跨.箍筋 3		8	320 [120]	$2\times((200-2\times40)+(400-2\times40))$ $+2\times(11.9\times d)+(8\times d)$	35	35	1.134	39.69	15.661

9 构件名称: 9DKL-3[714]			构件数量: 1					本构件钢筋重: 62.656kg	

构件位置: <3, A><3, D>

筋号	级别	直径	钢筋图形	计算公式	根数	总根数	单长	总长	总重
1 跨.下通长筋 1			160⌐ 4170 ⌐160	$350-40+320/2+3550$ $+350-40+320/2$	3	3	4.49	13.47	21.26
1 跨.上部钢筋 1			160⌐ 4170 ⌐160	$350-40+320/2+3550$ $+350-40+320/2$	3	3	4.49	13.47	21.26
1 跨.箍筋 1			320 [120]	$2\times((200-2\times40)+(400-2\times40))$ $+2\times(11.9\times d)+(8\times d)$	4	4	1.134	4.536	1.79
1 跨.箍筋 2			320 [120]	$2\times((200-2\times40)+(400-2\times40))$ $+2\times(11.9\times d)+(8\times d)$	4	4	1.134	4.536	1.79
1 跨.箍筋 3			320 [120]	$2\times((200-2\times40)+(400-2\times40))$ $+2\times(11.9\times d)+(8\times d)$	25	25	1.134	28.35	11.187

工程名称：建筑学院家属区围合工程2号传达室　　　　　　第5页　共18页

楼层名称：基础层　　　　　　　　　　　　　　　　　　　钢筋总重：729.886kg

筋号	级别	直径	钢筋图形	计算公式	根数	总根数	单长	总长	筋号
1跨.次梁加筋1			320 □ 120	$2 \times ((200 - 2 \times 40) + (400 - 2 \times 40)) + 2 \times (11.9 \times d) + (8 \times d)$	12	12	1.134	13.608	5.37

10 构件名称：10DKL-4[716]　　　　　构件数量：1　　　　　本构件钢筋重：42.528kg

构件位置：<4, B><4, C>

筋号	级别	直径	钢筋图形	计算公式	根数	总根数	单长	总长	总重
1跨.下通长筋1		16	160 ∟ 2895 ⌐ 160	$350 - 40 + 320 /2 + 2275 + 350 - 40 + 320 /2$	3	3	3.215	9.645	15.223
1跨.上部钢筋1		16	160 ∟ 2895 ⌐ 160	$350 - 40 + 320 /2 + 2275 + 350 - 40 + 320 /2$	3	3	3.215	9.645	15.223
1跨.箍筋1		8	320 □ 120	$2 \times ((200 - 2 \times 40) + (400 - 2 \times 40)) + 2 \times (11.9 \times d) + (8 \times d)$	4	4	1.134	4.536	1.79
1跨.箍筋2		8	320 □ 120	$2 \times ((200 - 2 \times 40) + (400 - 2 \times 40)) + 2 \times (11.9 \times d) + (8 \times d)$	4	4	1.134	4.536	1.79
1跨.箍筋3		8	320 □ 120	$2 \times ((200 - 2 \times 40) + (400 - 2 \times 40)) + 2 \times (11.9 \times d) + (8 \times d)$	19	19	1.134	21.546	8.502

11 构件名称：11DKL-6[721]　　　　　构件数量：2　　　　　本构件钢筋重：41.37kg

构件位置：<3, C><4, C>；<3, B><4, B>

筋号	级别	直径	钢筋图形	计算公式	根数	总根数	单长	总长	总重
1跨.下通长筋1		16	160 ∟ 2820 ⌐ 160	$200 - 40 + 320 /2 + 2350 + 350 - 40 + 320 /2$	3	6	3.14	18.84	29.736
1跨.上部钢筋1		16	160 ∟ 2820 ⌐ 160	$200 - 40 + 320 /2 + 2350 + 350 - 40 + 320 /2$	3	6	3.14	18.84	29.736

工程名称：建筑学院家属区围合工程 2 号传达室　　　　　第 6 页　共 18 页

楼层名称：基础层									钢筋总重：729.886kg
筋号	级别	直径	钢筋图形	计算公式	根数	总根数	单长	总长	总重
1 跨. 箍筋 1		8	320 120	$2\times((200-2\times40)+(400-2\times40))$ $+2\times(11.9\times d)+(8\times d)$	3	6	1.134	6.804	2.685
1 跨. 箍筋 2		8	320 120	$2\times((200-2\times40)+(400-2\times40))$ $+2\times(11.9\times d)+(8\times d)$	4	8	1.134	9.072	3.58
1 跨. 箍筋 3		8	320 120	$2\times((200-2\times40)+(400-2\times40))$ $+2\times(11.9\times d)+(8\times d)$	19	38	1.134	43.092	17.003

12 构件名称：12J-1[685]　　　　　构件数量：2　　　　　本构件钢筋重：1.202kg

构件位置：<1+275, C>；<1-275, B>

筋号	级别	直径	钢筋图形	计算公式	根数	总根数	单长	总长	总重
横向底 筋.1		10	165	$245-40-40+12.5\times d$	2	4	0.29	1.16	0.715
横向底 筋.2		10	270	$350-40-40+12.5\times d$	1	2	0.395	0.79	0.487
纵向底 筋.1		10	165	$245-40-40+12.5\times d$	2	4	0.29	1.16	0.715
纵向底 筋.2		10	270	$350-40-40+12.5\times d$	1	2	0.395	0.79	0.487

13 构件名称：13J2[844]　　　　　构件数量：6　　　　　本构件钢筋重：4.404kg

构件位置：<2-75,D+75>；<2+75,A+75>；<3+75,A-75>；<3-75,D-75>；<4-75,C-75>；<4+75,B-75>

筋号	级别	直径	钢筋图形	计算公式	根数	总根数	单长	总长	总重
横向底 筋.1		12	620	$700-40-40$	4	24	0.62	14.88	13.211

工程名称：建筑学院家属区围合工程 2 号传达室　　　　

楼层名称：基础层　　　　　　　　　　　　　　　　　钢筋总重：729.886kg

筋号	级别	直径	钢筋图形	计算公式	根数	总根数	单长	总长	总重
纵向底筋.1		12	620	700－40－40	4	24	0.62	14.88	13.211

楼层名称：首层　　　　　　　　　　　　　　　　　　钢筋总重：767.285kg

14 构件名称：14KZ－1[729]　　　　构件数量：2　　　　　　本构件钢筋重：59.838kg

构件位置：＜3＋75，A－75＞；＜3－75，D－75＞

筋号	级别	直径	钢筋图形	计算公式	根数	总根数	单长	总长	总重
全部纵筋.1		14	168 3027	$4400-4000/3-400$ $+400-40+12\times d$	8	16	3.195	51.12	61.774
箍筋.1		8	270 270	$2\times((350-2\times40)+(350-2\times40))$ $+2\times(11.9\times d)+(8\times d)$	55	110	1.334	146.74	57.901

15 构件名称：15KZ－1[731]　　　　构件数量：2　　　　　　本构件钢筋重：49.3kg

构件位置：＜4－75，C－75＞；＜4，B－75＞

筋号	级别	直径	钢筋图形	计算公式	根数	总根数	单长	总长	总重
全部纵筋.1		14	168 2427	$3500-3100/3-400$ $+400-40+12\times d$	8	16	2.595	41.52	50.174
箍筋.1		8	270 270	$2\times((350-2\times40)+(350-2\times40))$ $+2\times(11.9\times d)+(8\times d)$	46	92	1.334	122.728	48.427

楼层名称：首层　　　　　　　　　　　　　　　　　　　　钢筋总重：767.285kg

16 构件名称：16KZ-2[733]　　　　构件数量：2　　　　　　本构件钢筋重：75.516kg

构件位置：<1+275，C>；<1-275，B>

筋号	级别	直径	钢筋图形	计算公式	根数	总根数	单长	总长	总重
全部纵筋.1		14	3160	$4400-3600/3$ $-800+800-40$	8	16	3.16	50.56	61.098
其他箍筋.1		8	直径 350 ├350┤	$2\times350+\pi\times(350+2\times d)$ $+4\times d+2\times11.9\times d$	55	110	2.072	227.92	89.934

17 构件名称：17KZ-1[790]　　　　构件数量：2　　　　　　本构件钢筋重：59.5kg

构件位置：<2-75，D+75>；<2+75，A+75>

筋号	级别	直径	钢筋图形	计算公式	根数	总根数	单长	总长	总重
全部纵筋.1		14	3160	$4400-3600/3$ $-800+800-40$	8	16	3.16	50.56	61.098
箍筋.1		8	270 270	$2\times((350-2\times40)+(350-2\times40))$ $+2\times(11.9\times d)+(8\times d)$	55	110	1.334	146.74	57.901

18 构件名称：18GL-3[340]　　　　构件数量：1　　　　　　本构件钢筋重：20.772kg

构件位置：<2+60，C><2-240，B>

筋号	级别	直径	钢筋图形	计算公式	根数	总根数	单长	总长	总重
过梁上部纵筋.1		14	2920	$3000-40-40$	2	2	2.92	5.84	7.057
过梁下部纵筋.1		14	2920	$3000-40-40$	3	3	2.92	8.76	10.586
过梁箍筋.1		6	170 160	$2\times((240-2\times40)+(250-2\times40))$ $+2\times(75+1.9\times d)+(8\times d)$	16	16	0.881	14.096	3.129

工程名称：建筑学院家属区围合工程 2 号传达室　　　　第 9 页　共 18 页

楼层名称：首层　　　　　　　　　　　　　　　　　　　　钢筋总重：767.285kg

19 构件名称：19GL-2[342]　　　　　构件数量：2　　　　　本构件钢筋重：11.047kg

构件位置：<3, D-600><2, D+600>；<2, A+600><3, A-600>

筋号	级别	直径	钢筋图形	计算公式	根数	总根数	单长	总长	总重
过梁上部纵筋.1		12	2020	2100-40-40	2	4	2.02	8.08	7.174
过梁下部纵筋.1		12	2020	2100-40-40	3	6	2.02	12.12	10.76
过梁箍筋.1		6	120 160	$2\times((240-2\times40)+(200-2\times40))$ $+2\times(75+1.9\times d)+(8\times d)$	12	24	0.781	18.744	4.16

20 构件名称：GL-1[345]　　　　　构件数量：1　　　　　本构件钢筋重：4.352kg

构件位置：<3+97, C><3+1297, B>

筋号	级别	直径	钢筋图形	计算公式	根数	总根数	单长	总长	总重
过梁上部纵筋.1		8	1420	1500-40-40	2	2	1.42	2.84	1.121
过梁下部纵筋.1		10	1420	1500-40-40	2	2	1.42	2.84	1.751
过梁箍筋.1		6	100 160	$2\times((240-2\times40)+(180-2\times40))$ $+2\times(75+1.9\times d)+(8\times d)$	9	9	0.741	6.669	1.48

21 构件名称：21GL-1[346]　　　　　构件数量：1　　　　　本构件钢筋重：5.123kg

构件位置：<3, B+450><4, B-450>

筋号	级别	直径	钢筋图形	计算公式	根数	总根数	单长	总长	总重
过梁上部纵筋.1		8	1720	1800-40-40	2	2	1.72	3.44	1.357

楼层名称：首层　　　　　　　　　　　　　　　　钢筋总重：767.285kg

筋号	级别	直径	钢筋图形	计算公式	根数	总根数	单长	总长	总重
过梁下部纵筋.1		10	1720	$1800-40-40$	2	2	1.72	3.44	2.121
过梁箍筋.1		6	100 [160]	$2\times((240-2\times40)+(180-2\times40))$ $+2\times(75+1.9\times d)+(8\times d)$	10	10	0.741	7.41	1.645

22 构件名称：22KL-4[802]　　　　　构件数量：1　　　　　　本构件钢筋重：58.667kg

构件位置：＜3，A＞＜3，D＞

筋号	级别	直径	钢筋图形	计算公式	根数	总根数	单长	总长	总重
1跨.上通长筋1		16	240 4020 240	$350-40+15\times d+3400$ $+350-40+15\times d$	2	2	4.5	9	14.205
1跨.下部钢筋1		16	240 4020 240	$350-40+15\times d+3400$ $+350-40+15\times d$	2	2	4.5	9	14.205
1跨.箍筋1		8	320 [120]	$2\times((200-2\times40)+(400-2\times40))$ $+2\times(11.9\times d)+(8\times d)$	24	24	1.134	27.216	10.739
1跨.箍筋2		8	320 [51]	$2\times(((200-2\times40-16)/3\times1+16)$ $+(400-2\times40))+2\times(11.9\times d)$ $+(8\times d)$	24	24	0.996	23.904	9.432
1跨.箍筋3		8	320 [120]	$2\times((200-2\times40)+(400-2\times40))$ $+2\times(11.9\times d)+(8\times d)$	12	12	1.134	13.608	5.37
1跨.次梁加筋2		8	320 [51]	$2\times(((200-2\times40-16)/3\times1+16)$ $+(400-2\times40))+2\times(11.9\times d)$ $+(8\times d)$	12	12	0.996	11.952	4.716

工程名称：建筑学院家属区围合工程2号传达室　　　　第11页　共18页

楼层名称：首层　　　　　　　　　　　　　　　　　　钢筋总重：767.285kg

---

23 构件名称：23 窗台板 [357]　　　构件数量：1　　　　本构件钢筋重：2.167kg

构件位置：＜1-300，C-30＞＜1+300，B-30＞

筋号	级别	直径	钢筋图形	计算公式	根数	总根数	单长	总长	总重
上部钢筋.1		6	250⌐2020⌐250	$2100-40+250-40$ $+250+12.5\times d$	3	3	2.595	7.785	1.728
箍筋.1		6	20	$(60-2\times40)+2\times(75+1.9\times d)$ $+(2\times d)$	12	12	0.165	1.98	0.439

24 构件名称：24 窗台板 [362]　　　构件数量：2　　　　本构件钢筋重：1.658kg

构件位置：＜3-30，A-600＞＜2-30，A+1200＞；＜3-30，D-600＞＜2-30，D+1200＞

筋号	级别	直径	钢筋图形	计算公式	根数	总根数	单长	总长	总重
上部钢筋.1		6	250⌐1420⌐250	$1500-40+250-40$ $+250+12.5\times d$	3	6	1.995	11.97	2.657
箍筋.1		6	20	$(60-2\times40)+2\times(75+1.9\times d)$ $+(2\times d)$	9	18	0.165	2.97	0.659

25 构件名称：25 压顶 [818]　　　构件数量：2　　　　本构件钢筋重：2.39kg

构件位置：＜3，C＞＜4，C＞；＜4，B＞＜3，B＞

筋号	级别	直径	钢筋图形	计算公式	根数	总根数	单长	总长	总重
上部钢筋.1		6	60⌐2680	$2720+10\times d-40$ $+12.5\times d$	1	2	2.815	5.63	1.25
上部钢筋.2		6	60⌐2678	$2480+10\times d+33\times d$ $+12.5\times d$	1	2	2.813	5.626	1.249
上部钢筋.3		6	60⌐2600	$2600+10\times d$ $+12.5\times d$	1	2	2.735	5.47	1.214

工程名称：建筑学院家属区围合工程 2 号传达室　　　　　　第 12 页　共 18 页

楼层名称：首层　　　　　　　　　　　　　　　　　　　　钢筋总重：767.285kg

筋号	级别	直径	钢筋图形	计算公式	根数	总根数	单长	总长	总重
箍筋.1	6	0	$(80-2\times40)+2\times(75+1.9\times d)+(2\times d)$	13	26	0.185	4.81	1.068

26 构件名称：26 压顶[819]　　　　　　构件数量：1　　　　　　本构件钢筋重：2.452kg

构件位置：〈4，C〉〈4，B〉

筋号	级别	直径	钢筋图形	计算公式	根数	总根数	单长	总长	总重
上部钢筋.1	6	2860	$2940-40-40+12.5\times d$	1	1	2.935	2.935	0.651
上部钢筋.2	6	2856	$2460+33\times d+33\times d+12.5\times d$	1	1	2.931	2.931	0.651
上部钢筋.3	6	2700	$2700+12.5\times d$	1	1	2.775	2.775	0.616
箍筋.1	6	0	$(80-2\times40)+2\times(75+1.9\times d)+(2\times d)$	13	13	0.185	2.405	0.534

27 构件名称：27B-1[595]　　　　　　构件数量：1　　　　　　本构件钢筋重：28.41kg

构件位置：〈2+699，B〉〈1+700，B〉；〈1，D+700〉〈1，A+699〉

筋号	级别	直径	钢筋图形	计算公式	根数	总根数	单长	总长	总重
SLJ-1.1	8	2250	$1880+\max(240/2,5\times d)+\max(500/2,5\times d)$	16	16	2.25	36	14.205
SLJ-1.1	8	3600	$3100+\max(500/2,5\times d)+\max(500/2,5\times d)$	10	10	3.6	36	14.205

工程名称：建筑学院家属区围合工程 2 号传达室　　　　　

28 楼层名称：首层								钢筋总重：767.285kg	
构件名称：28B-1［596］				构件数量：1				本构件钢筋重：49.363kg	

构件位置：〈3+704，B〉〈2+705，B〉；〈2，D+1100〉〈2，A+1099〉

筋号	级别	直径	钢筋图形	计算公式	根数	总根数	单长	总长	总重
SLJ-1.1		8	3300	$3060 + \max(240/2, 5 \times d) + \max(240/2, 5 \times d)$	19	19	3.3	62.7	24.741
SLJ-1.1		8	3900	$3660 + \max(240/2, 5 \times d) + \max(240/2, 5 \times d)$	16	16	3.9	62.4	24.622

29 构件名称：29B-1［597］			构件数量：1		本构件钢筋重：27.7kg

构件位置：〈4+899，B〉〈3+900，B〉；〈3，C+900〉〈3，B+900〉

筋号	级别	直径	钢筋图形	计算公式	根数	总根数	单长	总长	总重
SLJ-1.1		8	2700	$2460 + \max(240/2, 5 \times d) + \max(240/2, 5 \times d)$	13	13	2.7	35.1	13.85
SLJ-1.1		8	2700	$2460 + \max(240/2, 5 \times d) + \max(240/2, 5 \times d)$	13	13	2.7	35.1	13.85

30 构件名称：30FJ-1			构件数量：1		本构件钢筋重：49.783kg

构件位置：〈2，D-957〉〈2+70，C-957〉；〈1-989，C+530〉〈1-989，C〉；〈1-70，B+737〉〈1，A+737〉；〈2-837，C+830〉〈2-837，C-830〉；〈2，D+1522〉〈2-230，C+1522〉；〈2+230，B+1572〉〈2，A+1572〉；〈3-863，C+830〉〈3-863，C-830〉；〈4，C-1061〉〈4-680，C-1061〉；〈4+680，B-1036〉〈4，B-1036〉；〈4-765，C-680〉〈4-765，C〉

筋号	级别	直径	钢筋图形	计算公式	根数	总根数	单长	总长	总重
FJ-1［308］.1		6	40└ 780	$530 + 250 + 40 + 6.25 \times d$	9	9	0.858	7.722	1.714
FJ-1［308］.2		6	40┌ 710 ┐70	$530 + 250 + 40 + 6.25 \times d$	2	2	0.858	1.716	0.381

工程名称：建筑学院家属区围合工程 2 号传达室　　　　　　　　第 14 页　共 18 页

楼层名称：首层　　　　　　　　　　　　　　　　　　　　钢筋总重：767.285kg

筋号	级别	直径	钢筋图形	计算公式	根数	总根数	单长	总长	总重
FJ-1[308].1		6	820	520 + 150 + 150	2	2	0.82	1.64	1.64
FJ-1[309].1		6	40 ⌐ 780	530 + 40 + 250 + 6.25 × d	13	13	0.858	11.154	2.476
FJ-1[309].1		6	2340	2040 + 150 + 150	2	2	2.34	4.68	1.039
FJ-1[310].1		6	40 ⌐ 780	530 + 40 + 250 + 6.25 × d	9	9	0.858	7.722	1.714
FJ-1[310].2		6	40 ⌐ 710 ⌐70	530 + 40 + 250 + 6.25 × d	2	2	0.858	1.716	0.381
FJ-1[310].1		6	820	520 + 150 + 150	2	2	0.82	1.64	0.364
FJ-1[311].1		6	40 ⌐ 1010 ⌐70	830 + 40 + 250 + 6.25 × d	2	2	1.158	2.316	0.514
FJ-1[311].2		6	40 ⌐ 1900 ⌐40	950 + 950 + 40 + 40	14	14	1.98	27.72	6.153
FJ-1[311].1		6	2300	2000 + 150 + 150	4	4	2.3	9.2	2.042
FJ-1[311].2		6	2340	2040 + 150 + 150	4	4	2.34	9.36	2.077
FJ-1[312].1		6	40 ⌐ 1010 ⌐70	830 + 250 + 40 + 6.25 × d	13	13	1.158	15.054	3.341
FJ-1[312].2		6	40 ⌐ 830	830 + 40 + 6.25 × d	2	2	0.908	1.816	0.403

工程名称：建筑学院家属区围合工程2号传达室 　　　　　　　第15页　共18页

楼层名称：首层　　　　　　　　　　　　　　　　　　　钢筋总重：767.285kg

筋号	级别	直径	钢筋图形	计算公式	根数	总根数	单长	总长	总重
FJ-1[312].1		6	2330	$2230-50+150$	4	4	2.33	9.32	2.069
FJ-1[312].2		6	80	$180-50-50$	2	2	0.08	0.16	0.036
FJ-1[313].1		6	40⌐ 1010 ⌐70	$830+40+250+6.25 \times d$	13	13	1.158	15.054	3.341
FJ-1[313].2		6	40⌐ 830	$830+40+6.25 \times d$	2	2	0.908	1.816	0.403
FJ-1[313].1		6	2330	$2230-50+150$	4	4	2.33	9.32	2.069
FJ-1[313].2		6	80	$180-50-50$	2	2	0.08	0.16	0.036
FJ-1[314].1		6	40⌐ 1900 ⌐40	$950+950+40+40$	12	12	1.98	23.76	5.274
FJ-1[314].1		6	1400	$1100+150+150$	4	4	5.6	5.6	1.243
FJ-1[314].2		6	2300	$2000+150+150$	4	4	2.3	9.2	2.042
FJ-1[315].1		6	40⌐ 860 ⌐70	$680+250+40+6.25 \times d$	10	10	1.008	10.08	2.237
FJ-1[315].2		6	680	$680+12.5 \times d$	2	2	0.755	1.51	0.335
FJ-1[315].1		6	1250	$950+150+150$	3	3	1.25	3.75	0.832

工程名称：建筑学院家属区围合工程2号传达室　　　　　　　

楼层名称：首层　　　　　　　　　　　　　　　　　　　　钢筋总重：767.285kg

筋号	级别	直径	钢筋图形	计算公式	根数	总根数	单长	总长	总重
FJ-1［315］.2		6	80	$180 - 50 - 50$	3	3	0.08	0.24	0.053
FJ-1［316］.1		6	40⌐ 860 ⌐70	$680 + 40 + 250 + 6.25 \times d$	10	10	1.008	10.08	2.237
FJ-1［316］.2		6	680	$680 + 12.5 \times d$	2	2	0.755	1.51	0.335
FJ-1［316］.1		6	1250	$950 + 150 + 150$	3	3	1.25	3.75	0.832
FJ-1［316］.2		6	80	$180 - 50 - 50$	3	3	0.08	0.24	0.053
FJ-1［604］.1		6	40⌐ 860 ⌐70	$680 + 40 + 250 + 6.25 \times d$	11	11	1.008	11.088	2.461
FJ-1［604］.1		6	1400	$1100 + 150 + 150$	3	3	1.4	4.2	0.932

楼层名称：第2层　　　　　　　　　　　　　　　　　　　　钢筋总重：17.579kg

31 构件名称：31 压顶［623］　　　　构件数量：1　　　　本构件钢筋重：5.186kg

构件位置：〈1，D〉〈3，D〉

筋号	级别	直径	钢筋图形	计算公式	根数	总根数	单长	总长	总重
上部钢筋.1		6	60⌐ 5400 ⌐60	$5400 + 10 \times d + 10 \times d + 12.5 \times d$	3	3	5.595	16.785	3.726
箍筋.1		6	60⌐ 5400 ⌐60	$(80 - 2 \times 15) + 2 \times (75 + 1.9 \times d) + (2 \times d)$	28	28	0.235	6.58	1.46

工程名称：建筑学院家属区围合工程 2 号传达室　　　　　　　第 17 页　共 18 页

楼层名称：第 2 层									钢筋总重：17.579kg

32 构件名称：32 压顶[627]				构件数量：1			本构件钢筋重：3.592kg		

构件位置：〈1，D〉〈1，A〉

筋号	级别	直径	钢筋图形	计算公式	根数	总根数	单长	总长	总重
上部钢筋.1		6	60⌐ 3500 ⌐60	$3500 + 10 \times d + 10 \times d + 12.5 \times d$	2	2	3.695	7.39	1.64
上部钢筋.2		6	60⌐ 3900 ⌐60	$3900 + 10 \times d + 10 \times d + 12.5 \times d$	1	1	4.095	4.095	0.909
箍筋.1		6	50	$(80 - 2 \times 15) + 2 \times (75 + 1.9 \times d) + (2 \times d)$	20	20	0.235	4.7	1.043

33 构件名称：33 压顶[629]				构件数量：1			本构件钢筋重：5.075kg		

构件位置：〈3，A〉〈1，A〉

筋号	级别	直径	钢筋图形	计算公式	根数	总根数	单长	总长	总重
上部钢筋.1		6	60⌐ 5300 ⌐60	$5300 + 10 \times d + 10 \times d + 12.5 \times d$	1	1	5.495	5.495	1.22
上部钢筋.2		6	60⌐ 5200 ⌐60	$5200 + 10 \times d + 10 \times d + 12.5 \times d$	2	2	5.395	10.79	2.395
箍筋.1		6	50	$(80 - 2 \times 15) + 2 \times (75 + 1.9 \times d) + (2 \times d)$	28	28	0.235	6.58	1.46

34 构件名称：压顶[822]				构件数量：1			本构件钢筋重：3.726kg		

构件位置：〈3，D〉〈3，A〉

筋号	级别	直径	钢筋图形	计算公式	根数	总根数	单长	总长	总重
		6	60⌐ 3900 ⌐60	$3900 + 10 \times d + 10 \times d + 12.5 \times d$	1	1	4.095	4.095	0.909

工程名称：建筑学院家属区围合工程 2 号传达室　　　　　　第 18 页　共 18 页

楼层名称：第 2 层　　　　　　　　　　　　　　　　　钢筋总重：17.579kg

筋号	级别	直径	钢筋图形	计算公式	根数	总根数	单长	总长	总重
		6	60⌐ 3800 ⌐60	$3800 + 10 \times d + 10 \times d + 12.5 \times d$	2	2	3.995	7.99	1.773
		6	50	$(80 - 2 \times 15) + 2 \times (75 + 1.9 \times d) + (2 \times d)$	20	20	0.235	4.7	1.043

钢筋统计汇总表　　　　　　　　　　　　　　　　　　**附表 7**

工程名称：建筑学院家属区围合工程 2 号传达室　　　　　　第 1 页　共 1 页

构件类型	合计	级别	6	8	10	12	14	16
柱	0.705	Φ		0.264			0.44	
过梁	0.052	Φ	0.01	0.002	0.004	0.018	0.018	
梁	0.059	Φ		0.03				0.028
圈梁	0.03	Φ	0.03					
现浇板	0.05	Φ	0.05					
	0.105	Φ		0.105				
基础梁	0.485	Φ		0.144				0.341
独立基础	0.002	Φ			0.002			
	0.026	Φ				0.026		
合计	0.082	Φ			0.002			
	1.432	Φ	0.01	0.546	0.004	0.044	0.458	0.37

钢筋级别直径汇总表　　　　　　　　　　　　　　　　　**附表 8**

工程名称：建筑学院家属区围合工程 2 号传达室　　　　　　第 1 页　共 1 页

级别	合计	6	8	10	12	14	16
一级钢	0.082	0.08		0.002			
三级钢	1.432	0.01	0.546	0.004	0.044	0.458	0.37
合计	1.515	0.09	0.546	0.006	0.044	0.458	0.37

钢筋级别直径汇总表　　　　　　　　　　　　　　　　　**附表 9**

工程名称：建筑学院家属区围合工程 2 号传达室　　　　　　第 1 页　共 1 页

级别	合计
现浇构件 ϕ12 内	0.686
现浇构件 ϕ25 内	0.828

附录六　建筑学院家属区围合工程 1 号、2 号、3 号传达室施工图纸

参 考 文 献

[1] 姚斌. 《建筑工程工程量清单计价》实施指南. 北京：中国电力出版社，2009.

[2] 刘钟莹，毛剑，魏宪，卜宏马. 建筑工程工程量清单计价. 南京：东南大学出版社 ，2005.

[3] 何辉，吴瑛. 建筑工程计价新教程. 杭州：浙江人民出版社，2008.

[4] 朱维益，任振凌. 建筑与装饰工程工程量清单计价. 北京：机械工业出版社，2004.

[5] 李宏扬，李跃水，扬海. 建筑装饰装修工程量清单计价与投标报价. 北京：中国建材工业出版社，2003.

[6] 郝增锁，郝晓明，张小军. 建筑工程量快速计算使用公式与范例. 北京：中国建筑工业出版社，2008.

[7] 袁建新，朱维益. 建筑工程识图及预算快速入门. 北京：中国建筑工业出版社，2009.

[8] 钱昆润，戴望炎，张星. 建筑工程定额与预算. 南京：东南大学出版社，2007.

[9] 张崇庆. 建筑装饰工程预算. 北京：机械工业出版社，2007.

[10] 王志儒. 怎样编制建筑装饰工程概预算. 北京：中国建筑工业出版社，1994.

[11] 李宏扬. 建筑装饰工程造价与审计. 北京：中国建材工业出版社，2000.

[12] 肖桃李. 《建筑工程定额预算与工程量清单计价对照》应用实例详解. 北京：中国建筑工业出版社，2004.

[13] 徐秀维. 建筑工程计量与计价. 北京：机械工业出版社，2010.

[14] 徐秀维. 建筑工程计量与计价实训. 北京：机械工业出版社，2010.

[15] 《建设工程工程量清单计价规范》编制组. 《建设工程工程量清单计价规范》宣贯辅导教材. 北京：中国计划出版社，2008.

[16] 郎桂林. 江苏省建设工程造价员资格考试辅导资料之二《建筑及装饰工程技术与计价》. 南京：江苏省建设工程造价管理总站，2009